乡村振兴背景下的
贵州村庄规划实践

XIANGCUN ZHENGXIN BEIJINGXIA DE GUIZHOU CUNZHUANG GUIHUA SHIJIAN

《乡村振兴背景下的贵州村庄规划实践》编委会 ／ 编

贵州大学出版社
Guizhou University Press

图书在版编目（ＣＩＰ）数据

乡村振兴背景下的贵州村庄规划实践 / 《乡村振兴背景下的贵州村庄规划实践》编委会编. —— 贵阳 : 贵州大学出版社，2023.6
　　ISBN 978-7-5691-0686-2

　　Ⅰ. ①乡… Ⅱ. ①乡… Ⅲ. ①乡村规划—研究—贵州
Ⅳ. ①TU982.297.3

中国国家版本馆CIP数据核字(2023)第091121号

乡村振兴背景下的贵州村庄规划实践

编　　者：《乡村振兴背景下的贵州村庄规划实践》编委会

出 版 人：闵　军
责任编辑：李　奎
责任校对：文桂芳
装帧设计：陈　艺　方国进

出版发行：贵州大学出版社有限责任公司
　　　　　地址：贵阳市花溪区贵州大学东校区出版大楼
　　　　　邮编：550025　电话：0851-88291180
印　　刷：贵阳精彩数字印刷有限公司
开　　本：889毫米×1194毫米　1/16
印　　张：15.25
字　　数：259千字
版　　次：2023年6月第1版
印　　次：2023年6月第1次印刷

书　　号：ISBN 978-7-5691-0686-2
定　　价：63.00元

《乡村振兴背景下的贵州村庄规划实践》
编委会

序　言

党的二十大报告指出："全面建设社会主义现代化国家，最艰巨最繁重的任务仍然在农村。"我国要建成社会主义现代化国家，没有乡村的现代化，自然不可能有国家的现代化。广大乡村地区是中国式现代化发展的稳定器与储水池，实施乡村振兴战略，不仅能增强我国在现代化进程中应对各种危机的能力，也是中华民族顺利实现伟大复兴的必然选择和保障。

2021年年初，习近平总书记亲临贵州视察，要求贵州以高质量发展统揽全局，在乡村振兴上开新局，在生态文明建设上出新绩，为新发展阶段的贵州指明了前进方向。乡村振兴，规划先行，按照中共贵州省委、省人民政府工作部署，根据国家乡村振兴战略和"多规合一"改革要求，此项工作的省级主管部门贵州省自然资源厅结合省情实际，充分学习借鉴浙江"千万工程"好经验、好做法，立足全省行政村点多面广，自然村组数量多、分布散、规模小的特点，积极推进村庄规划工作，率先开展了特色田园乡村集成示范点村庄规划、红色美丽村庄规划与"多规合一"实用性村庄规划的探讨性实践，总结出了适应贵州乡村特色的规划方法，建成了一批具有贵州乡村特色风貌的美丽村庄，迈出了在乡村振兴上开新局的前进步伐。本书集结了全省村庄规划的优秀案例，凝聚了参与此项工作的管理部门、规划编制单位、科研院校，还有广大乡村的村民和基层干部队伍的大量心血，可谓来之不易，值得大家在后续乡村规划建设推进过程中学习参考！

乡村振兴的关键在于人。乡村的产业发展、环境提升、文化复兴、组织建设、生态修复等均以村庄空间规划为载体，须以规划师牵头，多专业人员协同，管理职能部门与广大村民共同参与才能更好更全面地完成乡村规划编制工作。贵州大学将同贵州省自然资源厅紧密协同，把乡村振兴作为服务社会、报效国家的重要使命。

在接下来的工作中，学校将持续加强乡村规划师、建筑师、产业指导员、涉农科研人员的人才培养；持续加强与各个服务乡村的部门和专业团队协作，共同擘画人与自然和谐共生的美丽乡村贵州新画卷。

在贵州省全面推进乡村振兴、大力实施"四在农家·和美乡村"建设的关键时期，我们既要扮演好组织员的角色，积极协调各方资源，为乡村建设做贡献；又要充当冲锋队，冲锋战斗在广大农村地区、服务"三农"的第一线，共同为贵州新时期乡村振兴的伟大事业做出力所能及的贡献！

（序作者为中国工程院院士、贵州大学校长）

前　言

民族要复兴，乡村必振兴。全面推进乡村振兴，是党的二十大做出的重大决策部署，是新时代"三农"工作的总抓手。习近平总书记强调，实施乡村振兴战略要坚持规划先行、有序推进，做到注重质量、从容建设。作为国土空间规划体系中乡村地区的详细规划，村庄规划是实施乡村振兴战略的重要基础性工作，是巩固拓展脱贫攻坚成果同乡村振兴有效衔接、处理好农村地区老百姓依法依规建房和一二三产业融合发展需求等急难愁盼问题的重要支撑，直接关系到乡村建设的成效。

2019 年 5 月，党中央、国务院做出"多规合一"改革重大决策部署，印发了《关于建立国土空间规划体系并监督实施的若干意见》，明确将主体功能区规划、土地利用规划、城乡规划等空间规划融合为统一的国土空间规划，建立全国统一、责权清晰、科学高效的国土空间规划体系，要求在乡村地区开展"多规合一"实用性村庄规划编制。2019 年 5 月，自然资源部印发《关于加强村庄规划促进乡村振兴的通知》，进一步明确了村庄规划的总体要求、主要任务、政策支持、编制要求以及组织实施等具体内容。

为更好落实国家乡村振兴战略和"多规合一"改革要求，按照贵州省第十三次党代会提出的"扎实做好乡村振兴大文章，加强村庄规划建设管理，持续改善农村人居环境"工作部署，我们从实际出发，立足全省建制村点多面广，自然村组数量多、分布散、规模小的特点，结合省级"特色田园乡村"和"红色美丽村庄"试点建设，按照"合理确定增量、有效盘活存量，分步编制报批"的原则，分类有序推进"多规合一"实用性村庄规划编制。截至 2023 年 3 月，全省共编制村庄规划 2003 个，其中 648 个村庄规划已获审批，1355 个正在编制。同时，围绕"管用、好用、实用"的目标，充分发挥贵州省大数据优势，通过数据赋能、规划先行，积极构建"四个一"（制定一个技术标准体系、建立一个保障服务体系、构建一个宣传教育体系、研发一个便民服务系统）村庄规划便民服务体系，努力让规划用起来、数据跑起来、成本降下来、服务优起来，着力破解村庄发展面临的难点和痛点。自

"多规合一"改革工作启动以来，全省村庄规划工作虽然取得了一些成效，但村庄量大面广、土地资源破碎、基础条件参差不齐，与党的二十大擘画"建设宜居宜业和美乡村"的美好愿景还有较大差距。

为充分挖掘提炼贵州省村庄规划推进工作中的好经验、好做法、好人物，有效破解各地在具体工作中遇到的突出问题和发展瓶颈，探索乡村振兴"贵州经验"，2022年11月—12月，贵州省自然资源厅组织开展了全省"多规合一"实用性村庄规划优秀案例和最美乡村规划师评选活动，通过各地主动申报、资格审查、线上线下专家评审、实地复核、网上公示等环节，评选出"黔西南州兴义市威舍镇发哈村红色美丽村庄试点建设村庄规划"等18个村庄规划优秀案例和卓琳等19名最美乡村规划师，并在全省自然资源系统进行了通报表扬。本书主要是对评选出的18个村庄规划优秀案例进行了总结推广，供各地结合实际参考借鉴，着力提升村庄规划的针对性、合理性和可操作性。

此次活动得到了自然资源部国土空间规划研究中心、中国国土勘测规划院、中国城市规划设计研究院、江苏省规划设计集团有限公司、湖南省国土资源规划院等单位，中共贵州省委组织部、贵州省发展和改革委员会、贵州省生态环境厅、贵州省住房和城乡建设厅、贵州省农业农村厅、贵州省文化和旅游厅、贵州省乡村振兴局等相关省直部门，贵州大学、贵州师范大学、贵州财经大学、贵州民族大学、贵州理工学院等省属部分高校，贵州省建筑设计院有限公司、贵州省城乡规划设计研究院、贵州省自然资源勘测规划院等省内各大规划编制单位，贵州省土地学会、贵州省城市规划协会、贵州省地质博物馆以及省内外行业专家的大力支持，在此对各部门和各单位及参与本次评选活动的省内外专家表示衷心的感谢！

踏上新征程，迎接新使命。为更好地落实国家乡村振兴战略和"多规合一"改革要求以及中共贵州省委、省人民政府工作部署，各地相互学习借鉴、取长补短，按照"乡村振兴为农民而兴、乡村建设为农民而建"的要求，加快推进有条件、有需求的村庄编制"多规合一"实用性村庄规划。同时，在乡镇级国土空间总体规划中明确村庄国土空间用途管制规则，并形成"一图一表一说明"管制图则，逐步实现村庄规划管控全覆盖，着力提升农村地区空间治理能力，有效破解村庄发展面临的难点、痛点、堵点，为全面推进乡村振兴、巩固拓展脱贫攻坚成果、共同擘画人与自然和谐共生的美丽乡村贵州新画卷出谋划策、添砖加瓦，努力将规划"底图"变为振兴"蓝图"，不断提升农村地区人民群众的幸福感、获得感、满足感和安全感。

目 录

兴文市威舍镇发哈村

红色美丽村庄试点建设村庄规划

◆ 贵州省建筑设计研究院有限责任公司

基本情况

发哈村位于兴义市西北滇黔门户威舍镇的历史通道上,1935 年 10 月中央红军通过这里离黔入滇。国道、省道和南昆铁路纵横贯通村域。该村下辖 7 个自然寨,有 1024 户 4285 人,以汉族和布依族为主,多民族混居。村域面积 1621 公顷,现有耕地 566 公顷,永久基本农田 373 公顷,生态保护红线 152 公顷,青山田畴交织。村域内建有占地 50.46 公顷的猪场冶金工业园。

猪场组为该村村委会所在地,共 324 户 1976 人。货运繁忙的 218 省道将其切割为两部分。作为长征历史事件发生地,发哈村的相关遗迹已被列为文物保护单位。 2021 年,发哈村被列入贵州省第一批红色美丽村庄试点和黔西南州级特色田园乡村·乡村振兴集成示范试点。

各自然寨航拍图

⌃ 猪场组　　　　　⌃ 谢洒组　　　　　⌃ 岩脚组

⌃ 梨材林组　　　⌃ 大寨组　　　⌃ 大坪地组　　　⌃ 新寨组

△ 威舍铁路客货站

比较优势

（一）地处黔滇门户

毗邻铁路客货站点，有国道、省道穿越，区位与交通优势明显。

（二）一二三产业均有基础

拥有良田坝子，镇区、园区提供就业依托，劳动力外出比例低。平均收入处于中等水平。

（三）红色基因鲜明

长征故事意义深厚，相关遗产已被列为省级文物保护单位。

（四）山水林田湖齐备

森林覆盖率达 60.75%，拥有水库、良田等资源，生态环境良好。

△ 威舍镇区

（五）传统村舍局部残存

历史遗产周边尚存十个传统农舍院落。

（六）有一定闲置资产

尚有部分空房空地闲置，且分布较为集中。

△ 木浪河水库

︿ 红军洞（省级文物保护单位）

︿ 红军电台遗址（省级文物保护单位）

︿ 良田坝子

存在的问题

（一）区位优势利用不足

资源外流严重。原来繁忙的火车站因高铁时代来临而变得冷清。

（二）村组发展差距大

三产缺乏融合，一产多为低效传统耕作，二产工人缺乏稳定保障，村民收入不均。

（三）历史资源挖掘利用不足

仅有参观学习等简单的红色教育，对村庄未产生带动效应。

（四）喀斯特生态环境脆弱

局部居民点存在滑坡隐患。工业以冶炼和洗选煤为主，能耗高有污染。

（五）乡土遗产濒危

总体风貌不佳，主体村寨被公路切割。

（六）空房闲置荒芜与空心化

留村老人、儿童比例高，宜老宜幼问题需解决。

（七）文化与教育问题突出

托幼小学师资弱，适龄儿童大多离村就学。乡土文化整体呈衰颓之势。

编制过程

五步全周期工作模式：

1. 动员村民，组织社区参与。镇村干部协同，成立村民规划组，通过动员会、踏勘走访和讨论会，协助村民形成自主规划意见。

2. 深度调查，分析村庄特性及问题。广收资料，驻村调研，入户访谈，进行村史、产业、教育、妇女、文化等各方面调查，红色遗产和存量闲置资源详查等，形成综合研判。

3. 综合分析，确定村庄规划思路。梳理镇村产业思路，提出产业空间规划，确定红色资源利用途径，确定村庄类型、定位和近远期发展目标。结合村民意愿制定规划策略。

4. 根据指南，编制"多规合一"规范性技术成果。对管控边界、存量利用、功能优化和留白区域等现场进行比对核实，多方讨论，准确落地。

5. 立足现场，扣牢从规划到营造的各环节。重点区域完成详细规划到具体营造指导，注重现场监造。

全过程规划服务：驻村各阶段组织村民讨论，根据各级汇报评审意见调整优化，进行规划公示，参与村庄社区工作解决问题，试行规划提出的治理体系，五人小分队联合工作，参与规划管理，监督营造质量。

⌃ 驻村工作日常

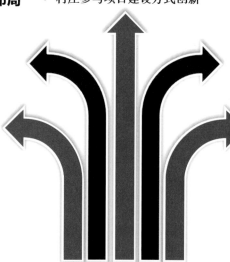

创新项目实施示范性
- 组织引领社区参与制度创新
- 村庄组织化发展的形式创新
- 省市县三级联动的机制创新
- 项目与资金整合的方式创新
- 项目建设资金使用方式创新
- 镇（乡）实施项目形式创新
- 村庄参与项目建设方式创新

统筹协调空间规划布局
- 基于三调数据
- 落实三线管控
- 依托区域发展
- 科学空间布局
- 明确管控措施
- 用好现状存量
- 预留发展空间

明确重点工作任务
- 明确重点项目
- 落实用地空间
- 落实设计方案
- 落实建设资金
- 确定营造方式
- 保障营造质量
- 综合效益分析

落实村庄概况与问题分析
- 村庄概况
- 人口问题
- 资源问题
- 遗产问题
- 产业问题
- 潜力问题
- 方向问题

明确类型、对策、模式及目标
- 村庄发展定位确定
- 村庄发展对策模式
- 村民主体发展目标
- 集体经济发展目标
- 乡土文化发展目标
- 宜居家园发展目标
- 田园生态发展目标

立 足 村庄特性与问题分析	明 确 类型、对策及目标	统 筹 协调空间规划布局	明 确 重点工作任务	创 新 项目实施示范性

⌃ 规划编制路径

思路方法

1. 以系统复合思路，构建"区域研究与策划＋村域统筹规划＋单元详细规划与设计"三级编制方法。

2. 以科学规范适用标准，完成"多规合一"实用性村庄规划。

3. 以红色传承带动乡土遗产保护利用，复兴历史文化寨区，打造省际魅力村庄。

4. 以宜居农房改造提升，编制《人居乡土营造指引》，落地乡土营造理念，建设美丽乡村家园。将省道调整至主体村寨外围，缝合聚落整体性和安全性。

5. 以乡村社区发展为主导，搭建村社共同体与集成服务双平台，帮助村民自我组织，推动现代性乡村自治，以内生文化活力凝聚乡村力量。

6. 以三产融合思路，走向共同富裕。以高标准农田建设带动山地农业现代化；以工业园区提质增效和工人权益保障，增加二产优质就业机会；以红培服务为起点，拓展乡村服务与乡村旅游。

7. 村庄规划目标与村民诉求相结合，明确近期建设项目，落实详细规划方案，衔接营造落地。

主要内容

1. 区域分析与专项概念规划：进行区域综合分析，梳理区域长征文化资源，提出专项空间布局，规划历史文化线路，配置相关要素，促进区域融合带动。

2. 现状与研判：进行多方面现状与问题分析、人口结构调查分析、存量资产分析、历史文化分析，整理村民先期自主规划成果，形成综合研判。

3. 定位与目标：提出思路、定位、目标策略。

4. 产业规划：包括产业资源、发展目标、产业结构、产业空间布局、产业效益分析等。

5. 村域统筹规划：落实"三区三线"等管控要求，确定生态修复与国土综合整治、生态基础设施建设，协调空间布局，测算人口规模，合理确定用地，划定村庄建设边界，探索规划"留白"，完成村庄规划成果汇交数据库。制定历史遗产保护措施，完善道路交通和慢行体系，完善基础设施、安全设施与防灾减灾设施等，强化产业、教育和公共空间配置，建议工业园区绿色转型，为岩脚组滑坡风险点落实整体搬迁选址用地。

6. 主体村寨与重要节点详细规划：激活历史遗产、打造共享型历史文化寨区，盘活闲置资产，形成适老宜幼的文化公共空间。梳理乡土建筑风貌，制定乡土宜居建设指引，将省道调整至村寨外围，缝合聚落空间。依托高标准农田建设，打造农特产品展销窗口，推动乡村产业升级。

⌃ 道路规划图

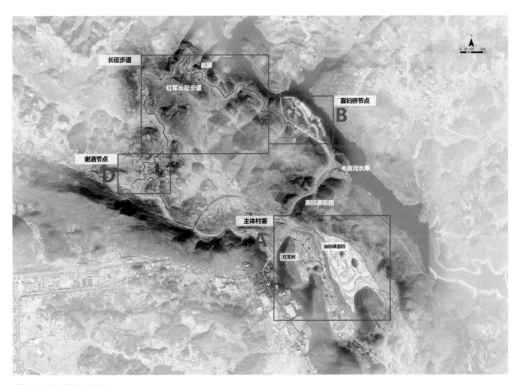

⌃ 村域统筹规划图

主体村寨产业布局

以田园+红色为主导产业，依托高标准农田建设及红色文化村寨打造，形成坝区为田园、寨区为红色的产业空间布局，总体上以**两片十二区**进行功能分区，划定产业布局。

两片十二区

田园
特色水稻区
南瓜种植区
林下养殖区
蔬菜大棚区
特色经果林
林下种植区

红色
商业服务区
综合服务区
红色村寨区
示范林园区
宜居村寨区
生态林业区

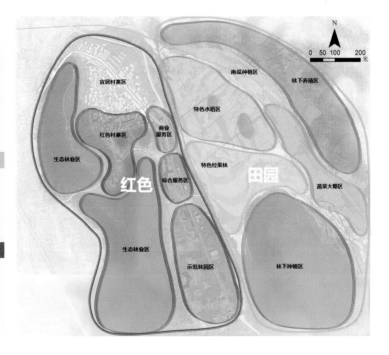

⌃ 主体村寨详细规划总平面图

村民版成果

以通俗易懂、便于实施为原则,使之能够吸引人、看得懂、记得住、能落地、好监督,采用图文并茂的形式编制"一图一表一说明"的村民版成果。

近期建设项目

树立发展目标体系,明确重点工作内容,统筹协调空间布局,创新项目实施示范,重点打造5类24个项目,涉及党建、文化、集体、产业、人居等5个方面,其中硬件建设16项,软件建设8项,从软硬两手抓项目建设,长远谋划村庄未来,节约集约安排近期建设。

∧ 项目规划图

实施成效

1. 历史寨区新高光：10 个传统院落更新形成村史馆、红色书屋、长征展馆、主题食堂、驿站民宿、乡村商铺、百草堂、布依娘馆等，儿童之家和幼儿园拟用荒废院落待建。复活了村庄历史记忆，形成了乡村公共空间和村民与游客的共享空间，点亮了村寨，同时壮大了村集体经济，为村民提供了在家门口就业的机会。

2. 村容村貌新风景：随着各寨水、电、路等基础设施的完善，首批宜居农房改造完成，带动村民自发改造美化庭院花园。村委会搬迁到公路管理闲置房，原村委楼改造为村民活动中心。穿村省道改线绕行，原来的公路改造成景观街道。

3. 产业发展新希望：500 亩（1 亩约为 0.07 公顷——编者注）高标准农田改造完成，采用"企业＋合作社＋农户"的耕种模式，已开展生产。利用闲置空地建成的绿色农产体验中心，伫立村头守望农田。在红培体系方面，通过历史寨区延伸到乡村体验，达到六个月来访者达两万人次的目标。绿色村野中的长征历史体验道上，村民和游客交织成景。

4. 乡风文明新风尚：通过村民大会讨论制定新的村规民约，新时代文明实践中心累计为村民举办了 10 余次专题讲座，开展了最美家庭、文明家庭、五好家庭的评比活动，建立了文明乡风红榜，实现美丽乡村的内外兼修。村社共同体与双平台正逐步形成。

5. 村庄活力新增长：村民自发组织各种文化活动，丰富了乡村生活及其文化内涵。

高标准农田

︿ 露营地

︿ 红军驿站

︿ 文化红墙

︿ 休闲空间

︿ 田园小学

︿ 宜居农房改造

︿ 活动中心

︿ 综合中心

亮点特色

1. 多规合一，采取多层次复合型乡村规划新模式，探索国土空间规划背景下的复合一体规划和集成营造示范。融合红色美丽村庄试点、特色田园乡村振兴集成示范点和长征文化公园建设多重高要求，依据《贵州省村庄规划编制技术指南（试行）》，保证规划的严谨性、合理性和可操作性，确保村庄规划成功被纳入国土空间规划"一张图"。

2. 三产融合，推动村庄嵌入区域产业发展格局。依托坝区、工业园区、红色资源等优势，发展红色研培、乡村休闲等产业，促进"镇园村"良性互动。以红色旅游为主线，探索"红旅＋农业、红旅＋工业、红旅＋教育"等三产融合发展之路，激发村庄造血功能。

3. 村民参与，激活村庄发展内生动力。突出村民主体，规划初期成立以村民代表为主体的村民规划编制小组，体现村民需求，实施以党建引领为推动力的"村社共同体"和"集成发展服务中心"双平台建设，促进形成政府引导、村集体带动、村民为主体的发展模式。

4. 多方协同，探索"规划—设计—建设—运营"一体化模式。通过构建六合一的团队，即村民、规划团队、营造团队、政府、社会力量、党校和万峰林旅游集团等运管公司组合而成的六个团队，探索"规划—设计—建设—运营"一体化模式，打通乡村参与市场经营的渠道，通过政策保障、土地流转，多方经营，唤醒沉睡资源，建设宜居宜业宜老宜幼的美丽乡村。

︿ 宜居农房改造

︿ 标语林

︿ 村史堂

▲ 村内巷道

▲ 红色餐厅

▲ 红色文化体验馆

经验启示

科学制定规划，精心组织实施，发挥好规划的引领和导向作用。创建标准体系，强化制度供给，使美丽村庄建设有章可循。加强组织领导，创新体制机制，确保各项建设任务有效落实。重视村庄环境综合整治，改善农村人居环境，提升村民的获得感、幸福感。壮大村集体经济，夯实农村产业发展基础，做到产业富民生活美。挖掘文化内涵，建设乡村文化，激发乡村振兴内生动力。

驻村规划师的收获与感悟

我们被选派到发哈村担任驻村规划师后，积极与州、市自然资源部门、住建部门等对接，完善手续，补充资料，进行数据处理，完善报批程序。在完成规划工作的同时，协同建筑、景观、结构等各专业人员，根据实际情况适时调整设计方案。同时秉承规划贯穿全过程的理念，加强规划监督管理，确保项目落地，体现建设水准。多次参加群众动员会及征拆会议，发动群众参与规划建设，了解村民需求，协调群众矛盾。自参加驻村工作以来，我们深刻认识到我们作为规划工作者，还须要不断加强自身学习，提升水平，才能迎接新形势下国土空间规划工作的高要求，才能更好地为乡村建设出一份力。

︿红色餐厅

︿布依娘馆

︿红色商店

︿红色书屋

︿百货商铺

︿红色文化体验馆

∧ 发哈村新貌

专家推荐语

　　发哈村，一个坐落于贵州省兴义市威舍镇的云贵边陲村庄，曾经也和全省千万个普普通通的村庄一样，平淡地经历着岁月的沧桑。1935年，中国工农红军的革命足迹踏上了这个村庄的土地，从此，发哈村留下了鲜明的红色印记，革命的史册里永远记录下了在这里发生的可歌可泣的感人事迹。

　　随着贵州省红色美丽村庄试点建设工作的启动，地方党政机关和部门、规划编制单位、建设单位会同当地村民，以高度的激情、深深的责任感，全力以赴投身于这一平凡而伟大的工作中。各参编参建单位领导挂帅、骨干牵头、各尽其责、团队齐力，付出了大量心血和汗水。如今，发哈村已然红色示范之花绽放、乡村振兴硕果初结！

　　规划编制单位的团队，他们肩负重任、兢兢业业，走遍村庄的每条阡陌、穷尽每家农户的细节调查；他们在笔墨耕耘间展红史、兴产业、配设施、整村容……勾勒出最美的村庄蓝图。此时，我也要盛赞驻村的"最美村庄规划师"，他们在参加编绘村庄规划的同时，还花费数十个日夜亲历现场，参与每园每宅的建设，使得绘就的蓝图和今天的建成内容高度吻合，功绩可圈可点：红色阵地，革命教育；英雄前辈，永恒纪念；高标农田，保耕稳粮；农旅结合，产业振兴；宜居农房，安家乐业；生态保持，千秋万代！

黔西市新仁苗族乡化屋村

特色田园乡村·乡村振兴集成示范试点村庄规划

◆ 贵州大学勘察设计研究院有限责任公司

基本情况

化屋村位于贵州省黔西市新仁苗族乡，地处乌江南北源交汇处，村落始建于清代。全村有 3 个村民组 284 户 1100 多人，居住着苗、彝、汉等民族，其中苗族人口占 98%。村域面积为 8.31 平方千米，现耕地面积 129.41 公顷，其中永久基本农田的面积为 14.11 公顷。化屋村生态保护红线面积为 664.30 公顷，现建设用地面积 16.37 公顷。化屋村产业以旅游业为主，民族民间文化底蕴浓厚，有拦门酒、跳花坡、篝火舞等民俗，有苗族芦笙舞等省级非物质文化遗产，享有"贵州 100 个魅力苗族村寨"等称号。

比较优势

1. 独特的自然山水：化屋村地处乌江南北源交汇处，三面临水，背靠高山；村内沿江两岸的峭壁悬崖气势壮伟、雄奇险峻，东风湖景色秀丽，风光迷人，被誉为"山似三峡而水胜三峡，水似漓江而山胜漓江"。

2. 优良的生态环境：化屋村是织金洞联合国教科文组织世界地质公园三大园区（东风湖园区／乌江源百里画廊）的重要地段之一，是织金洞国家级风景名胜区（乌江源南北汇流画廊景区）的核心地之一。

3. 浓厚的苗族文化：化屋村是一个拥有 300 多年历史的苗族村寨，属歪梳苗支系，有独特的打鼓芦笙拳舞和苗族多声部民歌，有苗族花坡节、献山节等传统节日，苗族蜡染、刺绣等手工艺精湛。

4. 艰苦的脱贫历程：化屋村曾属深度贫困村，党的十八大以来，在党和国家一系列惠民政策的支持下，2017 年实现脱贫出列，2019 年实现贫困人口全部脱贫。

5. 深切的领导关怀：化屋村是习近平总书记 2021 年春节期间在贵州考察调研的其中一站。2021 年 2 月 3 日，习近平总书记到访，实地察看了乌江六冲河段的生态环境，并看望了乡亲们。

存在的问题

1. 独特的自然山水与单一的游览内容之间的矛盾：特色资源利用不足；已有游览区域主要为花坡广场周边，天竹峰、水淹坝、麻窝寨、河塘等优美的自然景观没有得到很好的利用，苗族文化、脱贫历程等人文资源缺乏展示空间。

2. 暴增的游客流量与紧缺的配套设施之间的矛盾：旅游服务设施缺乏；停车场、餐饮店、旅馆等较为缺乏，节假日常出现交通拥堵、游客吃饭难、住宿难等问题。

3. 严格的生态管控与开发建设之间的矛盾：旅游开发建设受限；位于国家级风景名胜区核心景区、一级水源保护区，生态保护红线覆盖大部分村域，对开发建设具有较大约束性。

4. 浓厚的苗族文化与粗糙的村庄风貌之间的矛盾：建筑风貌特色缺失；建筑风貌在近十几年的发展历程中逐步丢失了原有的乡土特色和民族文化内涵，与传统苗族村寨风格格格不入。

5. 现代的生活需求与滞后的基础设施之间的矛盾：人居环境亟待改善；污水收集处理设施不完备，现有民居大部分仍为旱厕，一些农户还处于几户共用一个厕所的状态。

思路方法

规划以乡村振兴之产业、人才、文化、生态、组织五大振兴内容为需求导向，构建五个方面的规划指引，并分板块进行细化落实。同时，规划重点通过拓展游览区域线路、增设旅游服务设施、有节制的旅游开发、提升建筑风貌特色、提升改善人居环境等五方面的措施，解决村庄存在的主要问题。

需求导向 ▶	策略指引 ▶	策略落实
产业振兴	一产：产量产值提升，绿色生态 二产：组合式、规范化、标准化 三产：乌江源百里画廊景区	□ 果树、蔬菜种植园建设：观花、采摘，生态食材供给 □ 苗族服饰加工销售、黄粑加工销售引导 □ 乌江源百里画廊景区提升：山水观光、民俗体验 □ 主题游览组织：改革研学、生态科普教育
人才振兴	队伍组织：地方人才活力驱动 人才培育：苗绣蜡染工艺传承 协同支撑：高校多学科专家	□ 果树蔬菜种植技术培育、贵州大学多学科专家协同支持 □ 苗绣、蜡染工艺传承人培育 □ 苗族多声部民歌、打鼓芦笙拳舞传承人培育 □ 苗族餐饮美食达人培育、定期举办美食烹饪大赛
文化振兴	弘扬苗族文化，宣传改革精神 渗透党建文化，传承乡土文脉	□ 苗族文化展示馆建设 □ 村民活动中心、歌舞演绎广场、文化长廊建设 □ 苗族民俗节庆活动组织
生态振兴	生态保护：水质监测、生物保护 人居环境：乡土、民俗、生态化 基础设施：生态处理、清洁能源	□ 落实生态保护红线、严守永久基本农田红线 □ 水生态文明博物馆建设，生态科普宣传教育 □ 种养循环，农牧种养有机结合，养殖粪污零排放 □ 生物生态耦合污水处理、清理杂物垃圾
组织振兴	党建引领、组织群众 全国先进基层党组织	□ 活力强劲的村集体合作社 □ 股实厚重的村集体资产 □ 高效管用的乡村治理体系

乡村振兴（左侧纵排标题）

◀ 乡村振兴规划思维导图

⌃ 化屋村山水风光

⌃ 化屋村苗族文化

编制过程

项目组通过现场走访、部门调研、收集资料、入户调查与村民访谈等方式，了解政府各部门的发展思路和老百姓的生活诉求，切实分析村庄的优势和存在的问题。多次召开村民代表座谈会，与村民代表就村庄若干问题进行探讨与征求意见。共收集到 27 条意见，采纳 27 条，意见主要集中在旅游发展、基础设施和公共服务设施完善等方面。村民的主要诉求为支持发展旅游观光、特色民宿、农家乐等产业，希望增加水冲式厕所、完善排水管道、扩容蓄水池，增加山上的生产道和河边的便民码头，增加活动中心和跳舞场地等公共服务设施。

︿ 实地征集村民意见

︿ 召开村民代表大会

目标定位

以旅游为主导产业，开创旅游＋农业（精品水果）、旅游＋手工业（蜡染、刺绣、服饰）的一二三产业融合发展之路，以乌江生态环境保护为前提，以苗族文化传承为内涵，以山水田园和乡村生活为载体，打造集乡村民宿、山水观光、文化体验、改革研学于一体的山水苗乡民俗村、改革脱贫研学村，建设承载田园乡愁、体现现代文明的特色田园乡村。

︿ 入村开展调研工作

规划理念

规划主题为：乌江源头话改革·化屋山水兴苗乡。通过"特色""田园""乡村"三个集成思路，将村庄规划和产业规划相融合：

1."乌江源百里画廊"品牌引领下特色产业、特色生态、特色文化的集成。

2.苗族传统风貌保护前提下田园风光、田园建筑、田园生活的集成。

3.党建引领、治理有效的美丽乡村、宜居乡村、活力乡村的集成。

主要内容

1.“乌江源百里画廊”品牌引领下特色产业、特色生态、特色文化的集成。

一是特色产业，以旅游为主导产业，开创旅游＋农业＋手工业的一二三产业融合发展之路。增设旅游服务设施。在村域北侧建设景区入口、游客中心、接待酒店、大型停车场、环保车站、观景台等旅游综合服务设施。拓展游览区域线路。将原来仅以黔织组团为主的游览区域拓展至麻窝寨、岔河、河头寨，形成4个游览组团。

二是特色文化，以苗族文化和改革精神为内涵，重点利用闲置建筑盘活存量，建设苗族文化展示馆，为化屋独特的打鼓芦笙拳舞和苗族多声部民歌提供空间，传承苗族文化。麻窝寨因易地扶贫搬迁现已空置，利用空置的石房子盘活存量，呈现搬迁前的原生环境，设专家工作站，作为科研基地定向开放。

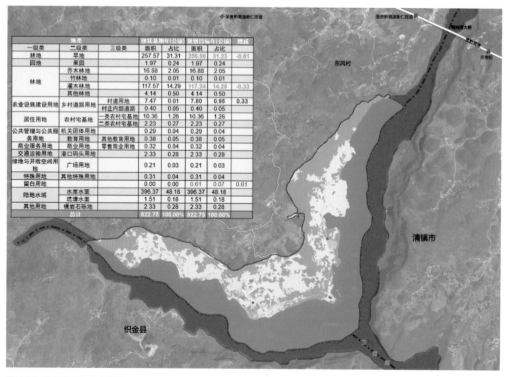

地类			现状基期年(公顷)		规划目标年(公顷)		增减
一级类	二级类	三级类	面积	占比	面积	占比	
耕地	旱地		257.57	31.31	256.96	31.23	-0.61
园地	果园		1.97	0.24	1.97	0.24	
林地	乔木林地		16.88	2.05	16.88	2.05	
	竹林地		0.10	0.01	0.10	0.01	
	灌木林地		117.57	14.29	117.24	14.25	-0.33
	其他林地		4.14	0.50	4.14	0.50	
农业设施建设用地	乡村道路用地	村道用地	7.47	0.01	7.80	0.95	0.33
		村庄内部道路	0.40	0.05	0.40	0.05	
居住用地	农村宅基地	一类农村宅基地	10.36	1.26	10.36	1.26	
		二类农村宅基地	2.23	0.27	2.23	0.27	
公共管理与公共服务用地	机关团体用地		0.29	0.04	0.29	0.04	
	教育用地	其他教育用地	0.38	0.05	0.38	0.05	
商业服务用地	商业用地	零售商业用地	0.32	0.04	0.32	0.04	
交通运输用地	港口码头用地		2.33	0.28	2.33	0.28	
绿地与开敞空间用地	广场用地		0.21	0.03	0.21	0.03	
特殊用地	其他特殊用地		0.31	0.04	0.31	0.04	
留白用地			0.00	0.00	0.61	0.07	0.61
陆地水域	水库水面		396.37	48.18	396.37	48.18	
	坑塘水面		1.51	0.18	1.51	0.18	
其他用地	裸岩石砾地		2.33	0.28	2.33	0.28	
总计			822.75	100.00%	822.75	100.00%	

国土空间用地布局图

三是特色生态，严守生态保护红线，永久基本农田、风景名胜区保护底线。开展有节制的旅游开发，新增设施均利用闲置用房改造，一是为了盘活存量，二是严控建设用地规模。采用"网上预约＋大数据监控"模式，严格控制游客数量。利用河头寨空置房建设水生态文明博物馆，展示乌江流域生态环境保护历程，践行"像保护眼睛一样保护生态"的理念。

2. 苗族传统风貌保护前提下田园风光、田园建筑、田园生活的集成。

一是田园风光更精致。农业产业配合旅游需求，形成面上的果园、线上的花园、点上的田园景象。村内以精品水果和特色蔬菜种植为主。用地布局为特色生产、生活、生态空间提供保障，合理预留用地。

二是田园建筑更精美。对现有传统石木民居进行修缮，并进行结构加固和构件增强，修复传统风貌，保住化屋苗族已为数不多的传统茅草顶石木民居。对现代砖房进行局部改造，增加传统元素和苗族文化特色。

三是田园生活更精彩，形成山水苗乡民俗村、改革脱贫研学村的田园意境。将

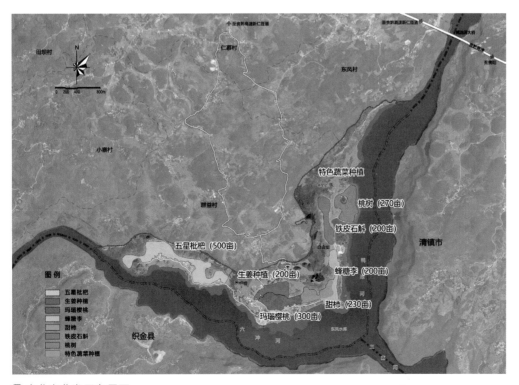

▲ 农业产业发展布局图

充分挖掘村落文化空间，建设村民活动中心、歌舞演绎广场等公共服务设施，提升村民的幸福感和获得感。

3. 党建引领、治理有效的美丽乡村、宜居乡村、活力乡村的集成。

一是美丽乡村建设。对现有传统茅草顶石木民居进行修缮；对农房开展"两化四拆"，整治风貌不协调的现代建筑，增加传统元素和苗族文化特色；对重要节点、街巷空间、院落空间进行景观美化。

二是宜居乡村建设，健全完善村庄基础设施和公共服务设施。针对生活污水采用无动力生物生态耦合生活污水处理技术，实现污染资源化、资源循环化，循环生态化、生态景观化。实施消防提升工程，补齐设施设备，划分防火单元，设置智慧消防系统。

三是助力乡村建设，以"四个一"为重点。"层层递进"建强一个党支部，"步步为营"建好一个合作社，"斤斤计较"盘活一份集体资产，"环环相扣"推进一套乡村治理，助力乡村建设。

⌃ 苗族文化展示馆效果图

⌃ 村民活动中心歌舞演绎广场效果图

重要节点设计

改造措施：

1. 建筑墙体加固；
2. 将现状石棉瓦屋面更换为增加防水防潮性能的茅草屋面；
3. 对现状破损的石砌墙、竹编泥墙等墙面进行修复；
4. 增设传统木质门窗，提升室内环境；
5. 增设基础设施，改造建筑四周庭院空间。

将现状石棉瓦屋面更换为增加防水防潮性能的茅草屋面

对现状破损的石砌墙、竹编泥墙等墙面进行修复

增设传统木质门窗，提升室内环境

建筑墙体加固

增设基础设施，改造建筑四周庭院空间

重要节点设计

改造措施：

1. 建筑墙体加固；
2. 将现状石棉瓦屋面更换为增加防水防潮性能的茅草屋面；
3. 对现状破损的石砌墙、竹编泥墙等墙面进行修复；
4. 增设传统木质门窗，提升室内环境；
5. 增设基础设施，改造建筑四周庭院空间。

将现状石棉瓦屋面更换为增加防水防潮性能的茅草屋面

对现状破损的石砌墙、竹编泥墙等墙面进行修复

增设传统木质门窗，提升室内环境

建筑墙体加固

增设基础设施，改造建筑四周庭院空间

🔼 乡土建筑修缮引导图

村民版成果

1. 规划范围：化屋村村域面积 830.64 公顷，自然村（组）规划范围 77.34 公顷。

2. 耕地和永久基本农田保护：耕地面积 129.41 公顷，坚决遏制"非农化"，严格控制"非粮化"；划定永久基本农田 14.11 公顷，严格按照相关法律法规进行保护和利用。

3. 生态保护：划定生态保护红线 664.30 公顷，根据相关法律法规控制人类活动；保护村内公益林、水域、自然保留地等生态用地，不得违规违法进行破坏景观、污染环境的开发建设活动。

4. 历史文化传承与保护：化屋村苗族能歌善奏，好舞尚拳，至今仍保留着传统的多声部民歌。规划对其文化空间进行保护，为文化传承提供场所。

5. 建设空间管制：本村规划期内村庄建设用地规模控制在 16.98 公顷，其中存量建设用地 16.37 公顷，新增建设用地 0.61 公顷。农村住房严格执行"一户一宅"，申请使用宅基地用地面积限额 200 平方米；产业发展空间规划建设活动不应破坏生态环境，建筑风格、建筑高度等设计要素应与周边自然环境相适应；村庄建设选址须避开地质灾害隐患点、风险斜坡和自然灾害易发地区。

⌃ 通村公路

⌃ 化屋村山水如画

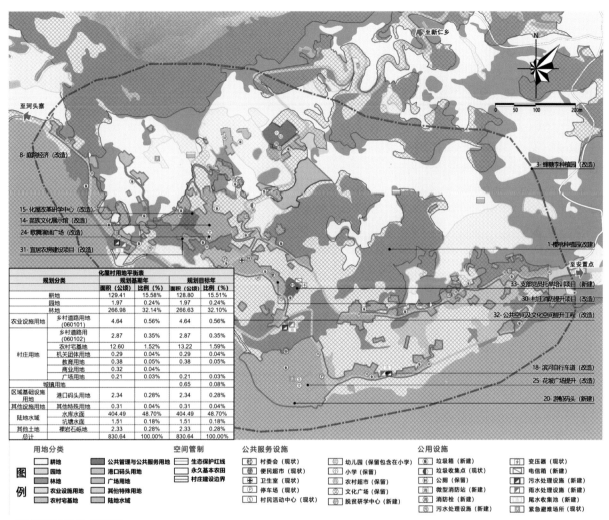

8- 庭院经济（改造）

15- 化屋改革研学中心（改造）
14- 苗族文化展示馆（改造）
24- 歌舞演绎广场（改造）

31- 宜居农房建设项目（改造）

3- 蜂糖李种植园（改造）

1- 樱桃种植园（改建）

至安置点

33- 支部党员托半培训项目（新建）
30- 村庄消防提升项目（改造）
32- 公共空间及文化空间提升工程（改造）

18- 滨河自行车道（改造）

25- 花坡广场提升（改造）

20- 游船码头（新建）

化屋村用地平衡表					
规划分类		规划基期年		规划目标年	
		面积（公顷）	比例（%）	面积（公顷）	比例（%）
耕地		129.41	15.58%	128.80	15.51%
园地		1.97	0.24%	1.97	0.24%
林地		266.98	32.14%	266.63	32.10%
农业设施用地	乡村道路用地（060101）	4.64	0.56%	4.64	0.56%
村庄用地	乡村道路用（060102）	2.87	0.35%	2.87	0.35%
	农村宅基地	12.60	1.52%	13.22	1.59%
	机关团体用地	0.29	0.04%	0.29	0.04%
	教育用地	0.38	0.05%	0.38	0.05%
	商业用地	0.32	0.04%		
	广场用地	0.21	0.03%	0.21	0.03%
城镇用地				0.65	0.08%
区域基础设施用地	港口码头用地	2.34	0.28%	2.34	0.28%
其他设施用地	其他特殊用地	0.31	0.04%	0.31	0.04%
陆地水域	水库水面	404.49	48.70%	404.49	48.70%
	坑塘水面	1.51	0.18%	1.51	0.18%
其他土地	裸岩石砾地	2.33	0.28%	2.33	0.28%
总计		830.64	100.00%	830.64	100.00%

图例

用地分类
- 耕地
- 园地
- 林地
- 农业设施用地
- 农村宅基地
- 公共管理与公共服务用地
- 港口码头用地
- 广场用地
- 其他特殊用地
- 陆地水域

空间管制
- 生态保护红线
- 永久基本农田
- 村庄建设边界

公共服务设施
- 村委会（现状）
- 便民超市（现状）
- 卫生室（现状）
- 停车场（现状）
- 村民活动中心（现状）
- 幼儿园（保留包含在小学）
- 小学（保留）
- 农村超市（保留）
- 文化广场（保留）
- 脱贫研学中心（新建）

公用设施
- 垃圾箱（新建）
- 垃圾收集点（现状）
- 公园（保留）
- 微型消防站（新建）
- 消防栓（新建）
- 污水处理设施（新建）
- 变压器（现状）
- 电信箱（新建）
- 污水处理设施（新建）
- 雨水处理设施（新建）
- 尾水收集池（新建）
- 紧急避难场所（现状）

△ 化屋村用地规划图

近期建设项目

规划期内主要实施 33 项建设项目，涵盖产业发展建设项目（农业产业、加工业、旅游产业）、村庄发展建设项目（公共服务设施、基础设施、村庄建设、基层组织建设）等方面，对建设项目分类、分批实施规划，并对具体项目类别、数量、投入资金量、来源渠道（财政投入、整合资金、本级自筹、社会资本）等细化落实。

▲ 农房改造前

▲ 农房改造后

实施成效

在过去 1 年多的时间里，化屋村新修了 8.4 千米的旅游公路，发展了乡村旅游合作社，组建了导游服务队和苗族歌舞队，办起了长桌宴，改造了农房风貌，建设了污水处理设施；开办了 39 家农家乐、21 家民宿，还有 2 家苗绣作坊、8 家小商店……

化屋村在规划的引领下，正沿着小村—名村—大村的振兴路径逐步建成特色、田园、乡村三大集成的乡村振兴示范村，即"乌江源百里画廊"品牌引领下特色产业、特色生态、特色文化的集成，在传统风貌保护前提下田园风光、田园建筑、田园生活的集成，党建引领、治理有效的美丽乡村、宜居乡村、活力乡村的集成。

驻村规划师的收获与感悟

化屋村驻村工作，使我对发动群众参与村庄规划和建设的重要性有了深刻理解，村民的积极主动参与是有力推动乡村振兴的重要因素。要使村民积极参与，关键在于科学的组织、积极的宣传和有效的沟通。作为规划师，正好可以利用自身的专业知识，做好村庄规划的翻译官、乡村振兴的宣传员和村庄建设的协调员。特色田园乡村的创建，有效调动了老百姓建设美好家园的积极性。通过政府、企业、村民等多元主体的共同努力，化屋村的自然山水和民族文化融入村庄建设中，使村庄美起来、村民富起来。

亮点特色

规划提炼主题"乌江源头话改革·化屋山水兴苗乡"，突出化屋地处乌江南北源交汇处的地理特点和自然山水优势，彰显以改革精神和苗族文化为特色的文化内涵，形成三大创新思路：

创新思路一：突出"乌江源百里画廊"自然山水资源优势，探索生态保护与旅游开发融合发展新路径，发展特色旅游、特色文化、特色生态。以旅游为主导产业，开创旅游＋农业＋手工业的一二三产业融合发展之路，拓展游览区域和线路，增设旅游服务设施；严守生态保护底线，进行有节制的旅游开发，践行"像保护眼睛一样保护生态"的理念。

创新思路二：挖掘以"化屋苗绣"为代表的苗族文化资源，协调传统与现代乡村新风貌，统筹田园风光、田园建筑、田园生活。重点利用闲置建筑建设苗族文化展示馆、村民活动中心、歌舞演绎广场等公共服务设施；重点修缮麻窝寨现有传统茅草顶石木民居，保护化屋苗族文化空间格局，形成山水苗乡民俗村的田园意境。

创新思路三：彰显"改革精神"内涵，探索党建引领乡村治理新方法，建设美丽乡村、宜居乡村、活力乡村。梳理化屋脱贫攻坚历程，结合政治关怀优势，形成改革脱贫研学村的活力氛围；以基层党组织为引领，以建好经济合作社、盘活集体资产为路径，推进乡村治理，提升乡村活力。

⌃ 化屋苗绣

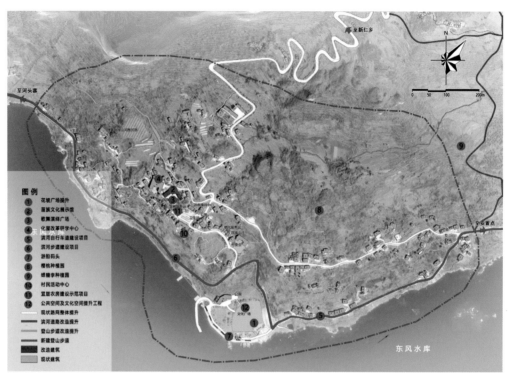

图例

① 花坡广场提升
② 苗族文化展示馆
③ 歌舞演练广场
④ 化屋改革研学中心
⑤ 滨河自行车道建设项目
⑥ 滨河步道建设项目
⑦ 游船码头
⑧ 樱桃种植园
⑨ 蜂糖李种植园
⑩ 村民活动中心
⑪ 宜居农房建设示范项目
⑫ 公共空间及文化空间提升工程

——— 现状路网整体提升
——— 滨河道路改造提升
——— 登山步道改造提升
——— 新建登山步道
■■■ 改造建筑
■■■ 现状建筑

∧ 村庄规划总平面图

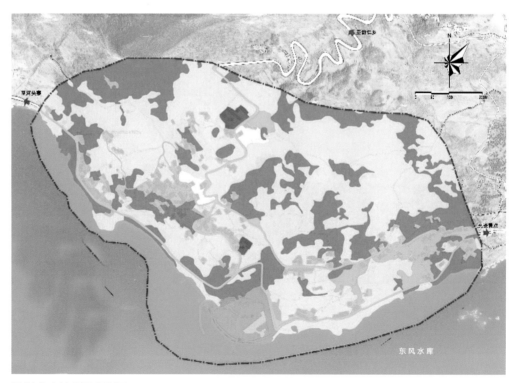

∧ 村庄土地利用规划图

经验启示

一是外部事件转化为内生动力的化屋发展路径探索。抓住习近平总书记视察的契机，充分发挥党中央关怀优势、"乌江源百里画廊"品牌和苗族文化优势，以校地合作服务地方乡村振兴，推动化屋村从"小村"到"名村"再到"强村"的发展路径。

二是资源紧约束下的旅游开发模式探索。在生态保护前提下进行有节制的旅游开发，将生态保护作为旅游业态的重要组成部分，同时控制游人容量、盘活存量资产，走提质控量型旅游开发模式。

三是新时代背景下加强村民回流意愿的乡村振兴方法探索。利用产业发展和宜居宜业的特色田园乡村建设，加强村民回流引导，通过党支部"层层递进"、合作社"步步为营"、集体资产"节节开花"、乡村治理"环环相扣"等方法，推进乡村全面振兴。

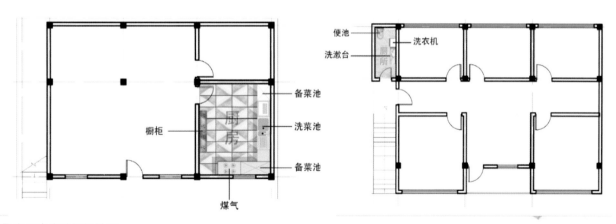

⌃ 宜居农房建设设计图

专家推荐语

本规划准确把握了化屋村具有的显著典型性和独特性：位于自然保护地重要节点而具有高度的生态敏感性和管控约束性，独特的自然风景环境对应坡陡地少的发展受困，作为历史悠久的苗寨但其传统风貌尽失，曾经的深度贫困村走过了艰苦的脱贫过程，同时特定的领导关怀带来了特有的发展支持和影响效应。据此，规划提出了很有意义和针对性的三大探索：资源紧约束下的旅游开发模式探索、新时代背景下强化村民回流意愿的乡村振兴方法探索和外部事件转化为内生动力的发展路径探索。这些探索体现在全面的规划内容中，包括生态保护与旅游融合发展、产业引导、文化传承保护和乡村治理改革。完成了突显"特色""田园""集成"的村庄规划要求，同时充分衔接了"三区三线"，体现了多规合一和节约集约用地。近期建设项目在充分考虑村庄人力、财力和环境约束的前提下解决村庄发展的迫切需求，切实可行。

在刚性约束条件下通过怎样的可持续发展路径和乡村自治的制度安排，保障村庄以内生活力保住脱贫成果极具挑战性；同样，苗寨自身文化的保护与传承怎样在时代发展迅速和乡村旅游中实现正向的价值融合；怎样找到真正的村寨风貌和村寨

▲ 贵州大学多学科专家协同支持

自身发展更新的空间形态；村民广泛的深度参与、村庄的主体性与乡村社区发展，怎样以人的发展为中心走向民族乡村的现代性，都须要在一个好的规划框架下，做出长期的不懈努力，才能让这些典型的特色保护类村庄在具体实践中走出自身特定的乡村振兴之路。同时，充分利用其独有的好的影响和经验做出示范带动，是对相关工作的进一步期望。

沿河土家族自治县晓景乡七三村

特色田园乡村·乡村振兴集成示范试点村庄规划

◆ 贵州省城乡规划设计研究院

基本情况

七三村位于沿河土家族自治县东南部晓景乡的黔渝交界处，全村 240 户 774 人，村域国土面积 470.80 公顷，建设用地面积 13.93 公顷，耕地 104.06 公顷，永久基本农田 79.83 公顷，生态红线 203.93 公顷。七三村的 4 个自然村组紧邻集聚，基础条件完备，周边交通便捷，村庄因盐、茶而生，因七山而得名，自红色而立，依农耕而居，靠奋进而康，是县级国土空间规划明确的集聚提升类村庄，是全省第一批 50 个省级特色田园乡村·乡村振兴集成示范试点。

比较优势

七三村资源禀赋、产业情况具有贵州山区一般朴实型村庄的典型性和代表性，是小 - 全 - 精的村庄。

村落格局小而美。村庄山环田簇，形成了"田卧于芥，林寨相依，田景相伴，村在田中"的山水田园错落格局；生态环境良好，自然条件优越，呈现出"山显水隐、林茂田簇"的山水环境特色。

村居建筑秀而简。村庄临田而建、依山而居，保持了村落原有的格局，传统建筑延续土家族风貌特色及布局，新建筑体量小、形态秀，与田园环境融合协调。

公共环境朴而洁。村庄田舍庭园相伴，传统乡村公共空间与渠塘泉井、庭院篱园融合，田间的渠、山中的泉、屋前的井与宅间的路交融贯通，形成了朴素简洁的公共空间环境。

民俗文化富而显。村庄红色文化、乌江文化、农耕文化交融，土家族习俗氛围浓厚。

群众基础坚而牢。村民土地流转规模化发展和人居环境整治参与意愿强烈，为示范试点工作推进和项目建设运行提供了坚实保障。

存在的问题

七三村处于发展和转型的重构期，面临多重发展矛盾。一是人口外溢和收入增加的产业矛盾。传统农耕模式已无法满足村民增收需求，亟须壮大规模、聚焦特色和多元发展，推动增收和人口回流。二是土地紧缺和村庄发展的用地矛盾。村庄规模较小，可用土地紧缺，亟须挖掘用地存量和优化布局，提高土地利用率。三是资源利用和环境提升的人居矛盾。村庄资源利用不足，人居建筑和田园空间也亟须管控引导，提升整体风貌。

思路方法

构建"策划＋规划＋设计"多层级的编制方法。宏观上以策划方式明确规划分区和行动策略，明确村庄发展思路和用途管制要求；中观上明确村庄用地布局、设施项目配套和风貌管控指引；微观上运用设计手法，对山水田园环境、重要空间节点和建筑景观小品开展方案设计。

立足资源本底的"五定"传导技术路径。规划立足现状基础和资源本底特色，提出"五定"技术路线，统筹村域生产、生活、生态"三生"融合的空间用地布

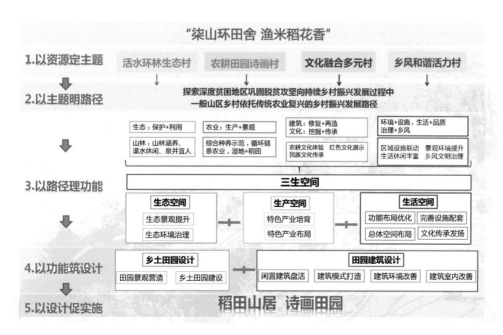

▲ 规划技术路线图

⌃规划方案讨论　　　　　　　⌃七三村村民代表大会　　　　　⌃入户调研

局，以及"乡土田园、田园建筑"设计指引，实现从发展定位、空间布局、用地管控到设计实施，找到一般村庄可复制、能推广的规划方法及路径。

编制过程

规划团队采用陪伴式驻村方式，建立"村民主体＋共建共商＋需求导向"的工作机制，以村庄问题和村民需求为切入点，通过分组调研、入户访谈、发放问卷等方式，整理形成关于产业规模化发展、设施短板补齐、人居环境改善、建筑功能提升等方面的村民意见20余条，建立村庄"一户一档"和"资源本底台账"。在规划编制过程中多次召开村民代表会、小组讨论会、院坝会等，充分征求村民意见，与村民共同确定需要解决的发展问题，共同研究方案和发展方式，全面激发村民参与乡村发展的热情，实现村庄规划多方参与、共同缔造。

目标定位

围绕"柒山环田舍，渔米稻花香"主题定位，以高品质高山泉水稻和稻田复合种养为主导，以乡村田园景观和稻田湿地为特色，以提升村庄生活品质、构建田园生活美景、激活村庄内生动力为核心，推动资源—文化—产业—生活重构，以产带村，以景促村，勾画稻田与村野交互、生态与农耕交融的现代田园生活新景象，打造全省一般乡村传统农耕文明典型传承、乡村传统产业复合提升样本。

柒山环田舍 渔米稻花香

远离喧嚣，避开拥挤，呼吸自然地空间，开启闲逸的生活，寻找内心的声音
这是我们向往的生活

依托七三村山田林舍相伴的自然环境特征，以高品质高山泉水稻和稻田复合种养（鱼稻）为主导，以乡村田园景观和稻田湿地为特色，结合农耕文化展示和红色文化重构，以产带村，以景促村，推动生态、文化和产业联动发展，勾画水渠与泉井交织，稻田与湿地交互，生态与农耕交融的现代田园生活景象。

⌃ 规划主题定位图

规划理念

立足产业基础现状和主题定位，落实国家粮食安全战略，以稻田为核心，突出"稻田产业""稻田生态""稻田景观""稻田文化""稻田生活"的融合发展模式，按照山林田园生态保护与利用、传统农业发展与景观营造、闲置建筑修复与改造、特色文化挖掘与传承、设施配建完备与环境景观打造、整体提升村庄生活品质的发展策略，构建现代田园美好生活新景象，探索深度贫困地区在巩固脱贫成果向持续乡村振兴发展过程中一般山区乡村依托传统农业复兴的乡村振兴发展路径。

主要内容

（一）总体空间布局——强管控、优布局、盘存量

落实永久基本农田和生态保护红线划定成果，以"三生融合"思路，统筹划定村庄建设边界。优化用地布局，全面落实"多规合一"要求，按照"严守粮食底线、整合农业用地、盘活闲置用地、保障设施空间、预留发展区域"策略，整合优化村庄用地布局和土地利用结构。在盘活闲置存量方面，由于村内建房需求较小，因此采取盘活限制宅基地的方式，保障新增建房需求，并利用闲置建筑，注入文化元素，赋予老建筑新功能，严格控制新增建设用地总量。

（二）生态空间——重保护、治环境、筑生态

保护生态空间，围绕村庄"外围林带—林舍水网—中部田园"圈层，构建"以渠水为脉、以山林为肌、以田园为底、以路道为骨"的生态环境。明确生态空间包含生态保护重要区和一般林区。推动生态保护和修复，划定生态保护修复、景观提升区域。划定生态环境治理重点区域，推进地质灾害治理、山林修复工作，整治渠道和湿地、污水处理，确保乡村生态安全。

（三）生产空间——优产业、提标品、塑特色

优化产业培育，构建"稻+N"综合种养农业模式，以山地泉水稻为主导，推动建立"稻鱼综合种养（稻田养鱼）+稻梁油轮作"体系。延伸产业链条，以"稻+"为基础实现一二三产业融合、两品一标产品认证、生态循环农业。特色产业布局，严格保护耕地和永久基本农田，通过土地整理、高标准农田等工程建设，优化产业用地和设施布局，科学引导"稻+N"推动稻田综合种养示范和生产双基地建设。推广"村社合一"和"合作社+大户+农户"模式，实现"一水两用、一地多收"。

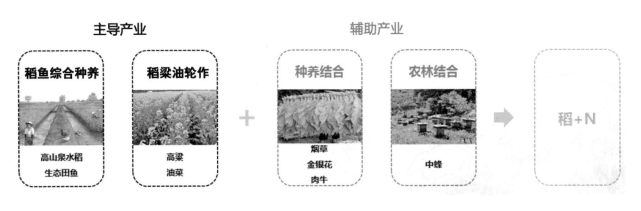

△ 产业融合图

（四）生活空间——理功能、配设施、促设计

整合空间布局，强调一般村庄"干净、自然"的自然生态和乡土环境风貌，提出四个居民点差异化、特色化发展功能定位，明确村庄建设用地。完善配套设施，与乡集镇设施共建共享，"按级＋按需"完善公共服务、市政基础防灾等布局，推动村庄环境整治引导工作。彰显文化传承，传承和彰显七三乌江、红色、农耕、民族等特色文化，通过"寻根—传承—发扬"的文化路径，修复文化遗迹，延续传统文化习俗，弘扬红色文化精神等，构建"多元文化融合的博物村庄"。严控风貌及安全，对村庄山水田园、建筑高度、建筑面积、建筑形式等提出风貌管控要求，明确泄洪沟渠、地质灾害防治范围及相关要求。

（五）田园乡土设计——庭园双簇、景观营建

体现田园景观营造，以"高山荷稻相依、鱼鸟共生的田园湿地"为田园景观目标意向，全面整合"泉水、稻田、湿地、水渠"等特色田园景观要素，营造美化田园景观。在乡土田园建设方面，充分利用农房空地或闲置地，因地制宜种植蔬菜、瓜果、花卉、绿植等，建设村庄"三园"（菜园、果园、花园），美化院落庭院空间，提升公共空间景观品质。利用乡土物件、材料装饰"三园"、庭院重要公共空间节点，提升乡村景观品质，留住乡土味道。

（六）田园建筑设计——内外双修、织补提升

按照"老屋修复—老屋改造—砖房改善—新建建筑"的方式对建筑进行分类打造。采取建筑微改造的方法，老屋注入文化元素，提升建筑风貌，赋予老建筑新功能；新建建筑，满足村民住房需求，挖掘利用当地建筑特色元素，注重就地取材、建筑风貌与山水形态和谐统一。同时，统筹建筑外部环境改善，做到"两清四拆"；改善建筑居住条件，推动建筑室内功能"一分三净五改"。

△ 村庄建筑立面改造

△ 村庄老屋改造再利用

△ 村庄省界门及古碉楼遗迹修复

△ 村庄内庭院美化

村民版成果

规划通过"一图一表一说明"的村民版成果与"村民须知手册""村民成果宣传展示手册"配合形成通俗易懂的便捷化村民成果运用体系。

近期建设项目

七三村近期建设从村民需求和试点打造出发，提出"五大板块"和42个重点项目。生态板块以山林修复、灾害治理、渠井泉改造项目为重点，实现生态安全和环境提升；生产板块以土地整理、高标农田建设、产业配套项目为重点，推动村庄产业规模化、特色化发展；生活板块结合用地整合优化，以设施完善、服务提升、文化修复项目为重点，整体改善村庄人居环境；田园建筑板块以乡土景观塑造、庭院和公共空间美化、建筑功能及外观整治项目为重点，推动村庄景观和风貌提升。规划按照启动阶段提民生、建设阶段出形象、验收阶段见成效的工作思路，制定分期推进计划，确保规划建设实施。

实施成效

示范引领树立样板典范。七三村成功入选贵州省特色田园乡村·乡村振兴集成示范试点建设第一批试点村。村庄规划获2021年度贵州省优秀城乡规划设计奖一等奖。产业提级助推乡村振兴。产业上围绕"稻+N"完成高标准农田建设580亩，按照"公司＋合作社＋农户"的模式，开展稻田养鱼、稻油轮种和肉牛养殖，实现壮大村集体经济和带动村民增收的目标。环境改善营造美好生活。建设上完成182户农户庭院"三园"改造，73 户建筑坡屋面和立面改造，建设 4 条产业路、6 条排洪水渠、5 个污水处理池，村容村貌得到极大改善。保修并重彰显文化特色。充分挖掘地方文化特色，修缮了古碉楼、省界门、盐油古道等文化遗迹，乡村集市活动阵地、七三茶庄、红军亭等文化项目也正在有序推进。

驻村规划师的收获与感悟

七三村是一个平平无奇的小村庄，村民想要一个怎样的家园、村庄作为试点应该示范什么是驻村团队讨论最多的问题。在驻村工作中，我们感性"共情"去倾听了解村民心声，解读翻译村民诉求；通过理性逻辑思维去规划村庄，用专业知识实现村民的心愿。驻村工作既艰辛也充实，我们既是"探索者"，不断用敏锐的专业判断挖掘村庄的独特资源，找到适合村庄发展的路径；我们也是"守护者"，深入乡村，用精心的规划讲解、朴实的图文表达，让村民慢慢理解和认可规划，并真正参与到规划和实施建设中，村民认可的笑容是我们规划团队最好的动力源泉。驻村规划的陪伴是短暂的，但乡村振兴发展是持续长久的，我们期待规划"蓝图"最终能变成现实场景，村民能够在七三村找到认同感和归属感，这是已经作为"七三村一员"的我们最想要看到的结果！

亮点特色

探索开展 VIM（Village Information Modeling）村庄信息模型和村庄数字化规划设计。以 VIM 方式建立村庄信息模型，运用倾斜摄影，以三维直观方式反映村庄全貌，展示规划设计内容，推动村庄规划可视化和仿真化。

建立"单元—地块—存量"的图则管控方式。按照"单元地块—建设空间"的管控方式，以 4 个自然村组划定管控单元，采取"刚性＋弹性"的管控原则，按照图则方式落实管控要求，形成"建筑＋公共空间＋设施"地块边界管控和功能风貌指引，保障村庄用地有效管控。

创新形成易读好用的村民须知和成果宣传展示手册。增加"村民须知手册"和

"村民成果宣传展示手册"，须知手册在编制中发放给村民，介绍规划流程和参与方式，宣传手册在规划批复后，图文并茂提炼规划核心内容和管控要求，做到有效实用、简洁易懂，让村民看得懂、能理解。

经验启示

七三村是典型的山地村庄，具有贵州绝大多数一般村庄发展的普遍性及代表性。规划从资源本底入手，提出了"五定"发展路径，摸索出了一条可复制、能推广的规划编制路径，具有较强的借鉴意义。但规划存在项目需求选择不尽合理；地方文化挖掘不够充分；在规划—设计—实施传导和管控上出现一些脱节情况，造成个别项目规划实施走样和规划意图落实不足等问题，编制团队也将进一步加强相关研究，探索、深化和创新村庄规划编制方法和实施管理路径。

专家推荐语

七三村区位条件及生活生产基础条件较差，作为国家投入进行乡村建设维持农村基本生产生活秩序的保底式发展村庄，做好规划是七三村当前"三农"工作的重点，该规划对于此类型村庄建设发展具有示范性。

⌃ 村庄"稻+N"产业和大地景观

　　规划调研详尽、逻辑清晰、成果规范，探索开展的 VIM 村庄信息模型数字化设计以及地块图则管控模式具有推广意义。规划对农房建设引导较为合理，严控新建房屋，盘活存量，通过有机更新和设计营造的方式提升人居品质。规划产业及设施配置因地制宜，以问题为导向，效益明显，符合土地使用相关要求。

　　村庄规划近期建设项目设置较多、经费较高，在建设实施过程中部分项目须调整。规划须加强对当地民族文化、农耕文化的挖掘和民族文化活动的传承，强化乡村文化活动空间研究。

播州区三合镇刀靶社区

红色美丽村庄试点建设村庄规划

◆ 遵义市规划设计院有限责任公司

基本情况

刀靶社区位于遵义市播州区三合镇南侧 6 千米处，户籍总人口 6757 人，常住人口 4733 人，国土面积 16.03 平方千米，其中耕地 461 公顷，建设用地 119 公顷，生态保护红线 149 公顷。现有红色遗址 31 处，其中文物保护单位有三道拐战斗遗址、田脚坝战斗遗址 2 处，红色资源均处于低效保护状态。刀靶产业结构是以典型的传统农业为主，第一产业主要是小农散户，二三产业基础薄弱，均未形成规模。涉及 1 处地质灾害，类型为崩塌，共影响 15 户，须要统一搬迁避让。

比较优势

1. 刀靶具有良好的区位交通条件。刀靶位于遵义—贵阳川盐入黔商贸主通道，扼守乌江北岸。

2. 历史文化悠久，红色文化资源丰富。集镇历史始于东汉末年，现有红军驻地旧址 31 个、战斗布防点 3 处、战斗遗址 6 处。

3. 长征国家文化公园建设带动发展。刀靶水红军驻地被纳入长征国家文化公园贵州重点建设区首批 28 个特色展示点。

存在的问题

1. 红色文化与组织建设方面：保护和开发利用程度低，文化与发展动能关系弱，基层组织与红色文化发展关系亟待激活。

2. 人口与经济方面：三成人口外流，老龄化、空心化问题突显；产业基础设施缺口较大，集体经济待培育。

3. 资源保护与利用方面：资源开发强度较高，现状宅基面积超标准。

4. 设施配套与建设方面：污水、垃圾和文体设施有缺口，人居环境待整治，农居建造散乱、建筑风貌杂乱。

思路方法

1.以目标与问题双导向编制规划。剖析存在的问题，结合上位规划对村庄发展目标的要求，在问题和目标双导向下，提出规划策略和规划重点。

2.以专项研究促红色文化保护利用。整理红色史实，提出保护利用措施，配置相关设施，构建分众化参观节点。

3.以全域全要素管控优化空间布局。对全域国土空间格局、国土空间布局与用途管制、生态修复与国土综合整治、村庄建设边界及农房建设风貌管控等做出具体安排。

4.以"设计+"支撑规划编制实施。结合三维建模和多媒体等方式，将村民意愿与"点—线—面"渐进式更新方式结合，重点对红色遗址、人居环境等提出设计策略，制定规划思路。

编制过程

基本按"入户调研—座谈—多次沟通—项目确认—参观学习—初步方案—征求意见—专家会议—修改完善"这一流程开展本次规划工作。通过问卷调查、入户调研等方式收集现状问题，与村委、村民代表座谈，与相关部门、党史专家等进行多次沟通完善，驻村考察实施项目的可行性，对优秀红色美丽村庄进行实地参观学习，最终确定本次村庄规划初步方案，通过多层次的征求意见、修改完善，完成本次村庄规划方案。

目标定位

围绕"基层党建""红色教育""集体经济""村级治理""乡村振兴"这五大板块，积极发挥刀靶自身优势，结合红色美丽村庄创建目标，将刀靶定位为"雄师刀靶·善治社区"；围绕"产业兴旺、生态宜居、乡风文明、治理有效、生活富裕"的总要求，以"雄师刀靶·善治社区"作为发展定位，努力将刀靶社区建设成为基层党建标杆、红色教育基地、集体经济示范、村级治理模范、乡村振兴样板，为播州区乡村振兴探索有效路径、方法和经验。

规划理念

围绕"共谋""共建""共创""共享""共治"五大理念，开展规划工作。驻村编规划，与村民共谋未来发展；征求村民意见，沟通达成共识，确认示范区域，村民共建美丽村庄；结合红色文化保护和利用需要，提出红色遗迹保护措施，提供红色文化展示场所，从红色培训、红色文化展示、红色教育、红色小分队建设等方面，共创红色文化；摸清资源家底，结合基数转换工作和国土空间开发保护利用优化格局，提出集约节约的空间保障措施；整理建议纳入《居民公约》规划管理内容，为院坝会、便民超市、综治服务等预留空间，为社区共治提供保障。

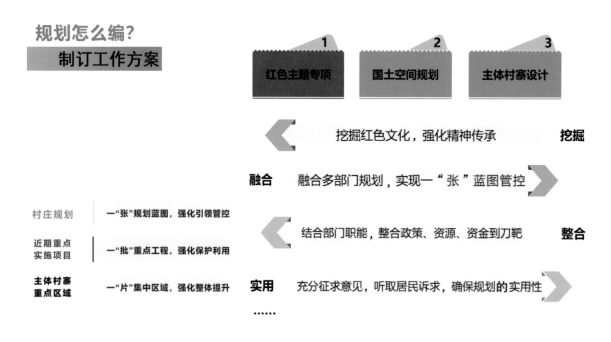

村庄规划理念设计图

主要内容

（一）红色主题专项规划

梳理红色史实，挖掘历史场景，绘制作战路线，规划红色展示与教育体系，明确红色文化保护与利用格局。

1.结合红军长征历史路线，构建"强渡乌江—刀靶水阻击战—遵义战役"区域叙事路线。

依托红军长征强渡乌江，刀靶水阻击战、追歼战等历史路线，将刀靶红色文化展示与教育体系向南北延伸至尚稽镇茶山关村、乌江镇老君关村、乌江渡，并结合刀靶境内红色文化遗迹，展示区域红色文化。

2.围绕红三军团司令部、田脚坝战斗遗址、三道拐战斗遗址打造精品课程，融入红色教培主线。

以阻击战旧址遗迹集中区域为核心，结合区域长征文化载体，通过人人讲述红色故事等方法，重点体验战斗的惊心动魄和军民共融，重点展示示范区红色文化空间，形成点线面结合的研学教育体系。

3.形成全域"两轴·三区·多节点"的红色文化保护利用格局。

两轴：川黔公路长征文化轴、战斗遗址展示轴。以川黔公路长征行军主通道作为红色文化体验主轴；以田脚坝、云霞山及三道拐战斗遗址为次要红色遗址展示轴。

三区：红色研学体验核心区、红色战斗遗址展示区与红色缅怀祭奠区。

红色研学体验核心区：以红三军团司令部、雄师刀靶告大捷陈列馆、黄老太婆救红军、中华苏维埃银行等红色遗址为主，结合红军小道、相关旅游服务和研学设施、标识标牌、数字化导览系统等。

红色战斗遗址展示区：由田脚坝、云霞山、洋行坡及三道拐战斗遗址构成。

红色缅怀祭奠区：以烈士陵园为核心，缅怀先烈，传扬红军长征精神。

多节点：核心区外红色遗址节点。

以历史事件发生的路径为长征步道，串联多个历史节点。

（二）全域国土空间规划

1. 明现状，谋发展，打造"雄师刀靶·善治社区"展新貌。

通过梳理刀靶社区现状，结合倾斜摄影三维模型成果，分析其优势条件和劣势条件，结合现状问卷调研，明晰村民发展需求与愿景，以组织振兴带动乡村振兴为思路，以红色文化为引领，打造"雄师刀靶·善治社区"乡村振兴样板。

2. 守底线，优布局，满足全域国土空间发展需求。

强化规划刚性传导，严格落实永久基本农田保护红线和生态保护红线；摸清各类底数，开展基数转换，优化耕地布局、划定村庄建设边界；盘活存量用地，保障集体经济发展需求；预留村民建房用地，预留留白用地；最终形成"一核一节点，两轴三带三片区"的空间发展结构。

3. 强管控，美环境，构建村级治理模范社区。

确定全域国土空间用途管制二级分区，提出管制措施；完善公共服务与基础设施，整治老旧农房；提升主要出入口形象，梳理历史文化空间载体，提出核心红色资源保护利用方案，构建串联两大核心资源、"善治"广场和刀靶陈列馆的红色文化学习、参观、游览路线，强化红色文化资源的保护和利用。

（三）主体村寨与重点单元规划设计

明确核心节点，结合群众需求，划定示范区域，引领未来发展。

1. 以红三军团司令部旧址和烈士陵园作为主体村寨两大核心节点。

红三军团司令部旧址是刀靶两场战役的军事指挥中心，其所在位置的万福寺也是刀靶历史文化的根脉所在；刀靶烈士陵园安葬了长征期间牺牲在播州境内的烈士，是播州区公祭和缅怀先烈的重要场所，为了将红色文化融入村庄建设中，主体村寨的规划以此为核心节点。

2. 结合群众需求、历史遗迹和文化线路，规划近期重点实施项目。

规划结合群众反馈最多的问题，以及日常生产生活需要等现实情况，优先考虑将红色遗迹较为集中的区域划定为示范区，同时结合群众休闲游憩需求、街区防灾安全需求、社区治理场所需求规划"善治"广场，构建完整的红色文化体验路线，整理红色故事场所，将核心节点和重要空间节点串联起来，形成近期建设项目库，为红色美丽村庄建设提供有力的支撑。

村民版成果

结合《贵州省村庄规划编制技术指南（试行）》《遵义市村庄规划"一图一表一说明"技术导则》，以简明扼要、通俗易懂的方式编制村民版成果。

一是实现规划有效覆盖。以"一图一表一说明"的形式开展全过程图示沟通，在编制过程中村民能够听得懂介绍，在征求意见过程中村民能看得懂规划，在规划使用过程中村民能够用得上规划，将最终成果在村内立牌展示，让村民参与到实施监督中。在规划编制过程中共计收集村民意见 31 条，全部予以采纳，主要集中在市政基础设施建设、道路设施建设、公共服务设施、红色旅游等方面。

二是提高行政管理效率。通过村民版成果实现"多规"信息的一张图集成和运用，各类招商引资、技改、政府性投资项目通过平台进行项目合规性审查、评估等，提高行政效率。

三是增强社会治理能力。通过村民版成果，建立一套以部门协作为基础，定期组织多部门开展联席会议和居民点群众会的长效协商工作机制，保证各部门在规划编制、项目实施、建后管理及更新过程中有效衔接，促进部门间协作配合，减少矛盾纠纷，促进社会和谐稳定。

近期建设项目

近期项目共有 18 项，其中文化类 6 项，基础设施类 6 项，党建类与基层治理类 1 项，产业类 3 项，产业基础设施 1 项，环境治理类 1 项。

通过刀靶社区"党群共治红色议事场所"建设项目、播州区三合镇刀靶社区大坡李子产业后续管理项目、播州区三合镇刀靶社区花椒鲜椒线项目、播州区零散烈士墓迁移保护项目、播州区三合镇刀靶社区宜居农房建设试点、播州区三合镇刀靶社区街上及周边饮水安全巩固提升工程等近期重点项目，实现产业、人才、文化、

︿花椒生产项目投产后生产现场

︿"善治"广场局部场景

︿雄师刀靶告大捷陈列馆项目实施效果

生态、组织"五个振兴"。

近期建设主要集中在示范区创建区,直接服务社区 1/3 的群众,涉及党的建设类、红色传承类、产业提升类、集体经济类、人居环境整治类等五个方面。

实施成效

规划引领下的刀靶社区已逐步开展红色美丽村庄规划建设,部分项目已经建成投入使用。

(一)红色文化建设项目

红色文化建设项目主要包含雄师刀靶告大捷陈列馆、红三军团司令部及红五师师部修缮项目、刀靶社区红军路建设项目、烈士墓氛围营造项目等。

雄师刀靶告大捷陈列馆,作为《长征国家文化公园贵州重点建设区建设保护规划》中的重点项目,主要展陈刀靶的红色文化史实;作为红色文化参观的主要场所,对刀靶红色文化宣传具有较强的带动作用。

红三军团司令部及红五师师部修缮,对危房建筑拆除后,以"落架大修"的形式恢复二层传统风貌建筑,作为红色文化展示和党群服务中心。该建筑的建设是群众记忆深处的红色文化展现,获得当地村民的一致好评,是刀靶红色文化遗址最为核心之处。

刀靶社区红军路建设,主要在完善田间步道、景观设施、景观构筑物、绿化种植、导览系统、特色墙绘等项目中植入红色文化与乡村建设展示内容。作为主要的参观路线,红军路的建设是将核心区红色文化遗址串联起来的重要纽带,以"点—线—面"相结合的形式充分体现红军在刀靶居住、生活的历史场景。

烈士墓氛围营造提升，通过流线组织、绿化种植、景观设施等方式，打造庄严肃穆、哀思悼念的沉静氛围。目前是作为播州区重要的公祭场所，已迁入部分红军坟，是缅怀红军烈士、发扬长征精神的核心载体。

（二）集体产业发展项目

作为刀靶社区集体经济发展的重要载体，花椒加工厂房是对村内花椒、李子等进行加工、储存的厂房，带动了村内经济发展。

（三）人居环境提升项目

宜居农房改造主要针对老街区重要区域农房改造、"善治"广场项目建设，形成以党建引领为主的红色议事场所，同时打造主体村寨街道供村民娱乐休闲的活动空间，促进村内文化发展。

驻村规划师的收获与感悟

作为"翻译官"——因村庄的社会经济文化发展水平参差不齐，村民自建的意识和能力参差不齐，在调研走访入户时，作为与村委、农户沟通的"翻译官"，须让他们切实明白和参与村庄规划编制，并收集村民及村民代表的意见及建议，以问题为导向解决存在的问题。

作为"宣传员"——村庄建设的主体是村民，立足于沟通、宣传，让老百姓的主体意识得以加强，真正承担起主体责任，以"一图一表一说明"的形式编制村民版村庄规划，以通俗易懂的方式让村民都能理解规划、积极参与、执行规划。同时将

▲ 烈士墓氛围营造项目实施效果

▲ 人居环境提升项目实施效果

△ 刀靶社区红军路建设项目实施效果

△ 红三军团司令部及红五师师部修缮项目实施效果

红色故事以雕塑、文字形式记录下来，通过媒体渠道等方式营造良好的社会氛围。

作为"协调员"——当与村民之间产生矛盾时，驻村规划师就要起到协调者的作用，作为秉持客观中立态度处于行政管理关系以外的"第三人"，驻村规划师更能得到群众的信任，可以有效协助政府进行规范化管理。同时在规划建设过程中，当政府与村民的思路有出入时，也可以在理解群众诉求的前提下，更好地与行政管理部门沟通，反映问题，寻求既符合法律、法规，又能满足政府和群众双方需求的解决办法。

亮点特色

1. 摸清底图底数，明晰现状问题。对现状土地、历史文化、产业、基础设施等进行梳理，通过调研问卷深入了解村民诉求，以问题为导向编制实用性村庄规划。

2. 研究红色专项，打造红色路线。梳理红色史实，摸清红色资源，建立红色文化遗产及其他文化遗产保护利用体系，点、线、面结合构建红色展示与红色教育体系，长时序、多维度构建分众化参观游览路线。

3. 集约节约用地，探索整治路径。以"三区三线"为导向，结合生态修复和国土综合整治，通过盘活流量、优化存量，达到用地集约、布局优化、质量提升的目的。

4. 助力集体经济，推动产业造血。通过乡村资源的整合利用，利用自身的比较优势，发展红色旅游、现代农业、乡村休闲等产业，以旅游带动乡村产业融合发展。

5. 补齐民生短板，提升人居环境。完善基础设施，提升村庄公共服务，打造宜居宜游的优质社区。

6. 增强基层组织，激活内生动力。夯实"红色堡垒"，创建党建品牌，建强"红色队伍"，强化基层组织力量，优化"红心服务"，开展六项治理，探索"三变五转"模式。

经验启示

1. 专线梳理史实，传承红色基因。历史事件发生有其必然之处，从历史发生的原因出发，寻找故事发生的起因、经过和结果，有助于了解整个历史脉络；梳理事件发生的全序列，有利于加强历史文化保护和利用。规划通过梳理红色史实和规划红色文化展示场所，助力红色基因传承。

2. 驻村搭建平台，助力村庄发展。村民是村庄发展的主体，村民文化基础普遍薄弱，村集体是引领村庄发展的核心力量，规划团队积极引导沟通，摸清村民和村集体发展意愿和改善诉求，并采用座谈、走访等方式，加强与当地乡贤、能人等的沟通，共谋村庄发展，并在规划中予以引导和保障。

3. 强化底线约束，盘活存量流量。基层普遍对政策掌握有所欠缺，应积极引导村庄在符合各类政策和各类发展指导思想的基础上，谋划村庄发展路径；从自身资源条件出发，整合全域存量和流量用地，并将有限的资源优先用于产业、民生、文化等契合村庄发展路径的各个方面。

专家推荐语

历史上，刀靶位于遵义—贵阳川盐入黔商贸主通道，是民国时期川黔线上的四大物资中转站之一，红军长征途中在此发生了阻击战和追歼战，是红军构筑遵义南部防线的指挥中心。

现实中，刀靶作为播州区三合镇南部的社区，面临多重现实矛盾问题，如长征文化公园建设带动发展，但三次产业基础

⌃ 驻村编规划

⌃ 入户调研、村民采访

▲ 院坝会议

▲ 社区居民委员会会议

弱；红色美丽村庄建设促振兴，但群众信心不足；红色遗迹有30余处，但利用效益低；村民回流有意愿，但集体经济待壮大；主体村寨集聚规模较大，但人居环境短板突出；等等。

因川黔商贸来往而起，因两场战役著名，因交通改线衰落，现实的刀靶要如何激活？村庄规划要如何发挥引领作用？遵义市规划设计院有限公司规划编制组带着"刀靶发生了什么""为什么是刀靶""刀靶要做什么""规划怎么编"等几个核心问题，进驻刀靶，坚持"多规合一、设计下乡、长期陪伴"的工作原则，通过驻村入户、遗迹走访、深入访谈的形式，历时50余天的驻村编制工作，确定了"以组织振兴带动乡村振兴，以红色遗迹提升文化自信，以存量盘活保障村庄发展，以产业项目壮大集体经济，以示范区域激活社区治理"的核心内容，实现了真正的规划赋能。

在规划编制组的倾力、倾情投入下，刀靶的村庄规划得到了村民的充分认可，规划蓝图一天天正在变成现实。如今，红三军团司令部旧址修缮再利用、红军小道串联军民共融历史场景的还原、"善治"广场上的休闲活动和坝坝会、"花椒书记"钟玉禄忙碌在生产基地和加工厂的身影和居民们开始津津乐道刀靶"新"的红色故事，共同形成了"发展共谋、示范共建、红色共创、集约共享、社区共治"的刀靶社区乡村振兴的时代样板画卷。

石阡县龙塘镇困牛山村

红色美丽村庄试点建设村庄规划

◆ 铜仁市城乡规划勘测设计研究院有限公司

基本情况

（一）区位概况

困牛山村位于石阡县龙塘镇西北部，平均海拔 575 米，距镇人民政府所在地 7 千米，目前石湄高速在困牛山设置有高速匝道口；困牛山村下辖 8 个村民组，共 333 户 1234 人，主要聚居群众为仡佬族。

困牛山村村域面积为 437.6 公顷，永久基本农田保护区面积 150 公顷，村庄建设区面积 23.14 公顷，生态保护区面积 125.9 公顷，生态控制区面积 86.93 公顷，一般农业区面积 48.81 公顷，园业发展区面积 2.79 公顷。

（二）红色史实

困牛山壮举 ——1934 年 10 月，长征先遣队红六军团第十八师第五十二团为掩护被困主力突围转移，在困牛山与敌人展开英勇战斗，百余名红军战士宁死不当俘虏，宁死不伤百姓，英勇跳崖就义。红六军团得以浴火重生，与红二军团胜利会师，开启了红军革命的新阶段。2009 年 6 月，石阡县人民政府在困牛山红军战斗遗址修建了"困牛山红军壮举纪念碑"。该遗址是红军长征在贵州的历史见证，展现了我国的"红色文化"和"红色基因"，是传承和弘扬长征精神的重要载体。

比较优势

1. 是长征国家文化公园的重点建设区。

在以《长征国家文化公园贵州重点建设区建设保护规划》提出的"一核一线两翼多点"为基本框架的长征文化公园建设格局下，困牛山位于两翼上的红二、红六军团长征线路展示带上，具有重要的历史意义。

2. 红色资源丰富，村庄自然环境优美。

石阡困牛山红军战斗遗址于 2018 年被评为贵州省省级文物保护单位，周边分布着红军坟、红军路等红色历史遗迹，红色资源特色突显，村庄自然坐落于山中，形成"山林茂密，田舍珠嵌"的优美自然风光。

存在的问题

村庄现阶段面临的主要问题：一是红色文化资源开发和利用不足。困牛山村虽有着丰富的红色文化资源，但还须加强对红色文化资源的宣传以及保护力度，并统筹协调寻求红色文化资源的多元保护路径。二是产业融合发展不充分，科技支撑动力不足。困牛山村现阶段产业相对单一，并缺少相关农业技术支撑，农户增收能力受限。三是村庄的基础设施不完善，人居环境有待提升。困牛山村村组之间的部分道路连通不便捷，人居环境也亟须管控引导，提升整体风貌。

思路方法

1.红色引领，示范先行。以组织振兴推动乡村振兴，红色引领，建立模式，做好示范。强化乡村治理。

2.多规合一，统筹布局。充分对接上位规划，规范与国土空间规划体系接口，统筹安排各类空间和设施布局，对全域空间的所有要素进行统筹安排。

3.突出重点，精细设计。聚焦红色空间、公共空间、教育设施、农房提升、宜居环境、文化风貌等核心内容，精细完成重点设计方案。

4.生态优先，绿色发展。坚持生态优先、绿色发展，保护乡村自然生态本底，尊重乡村原有景观格局，强化乡土本色。

5.村民主体，乡村本位。设置村民深度参与机制，以村民为主体，以乡村自治为目标，充分尊重村民意愿，共同做好规划编制工作。

6.突出特色，体现多元。科学把握村庄特色、民俗风情、历史脉络和文化传承，保护村庄的多样性、差异性。

▲ 建设前的村庄

▲ 村民代表大会

▲ 实地调研（一）

▲ 实地调研（二）

编制过程

项目组通过实地调研、问卷调查、走访当地村民、村民代表会，共收集到 8 条主要意见，涉及村庄的产业发展、村庄环境提升以及红色文化传承等方面。村庄现阶段面临的主要问题是村庄缺少区域统筹规划；产业发展难并缺少相关技术人员，生产力水平低；环境问题突出，治理任务重。规划在编制过程中充分结合村民发展意愿，并与村民协商困牛山村的发展思路，全面激发村民的参与度，实现村庄规划多方参与，因地制宜编制"多规合一"的实用性村庄规划。统筹安排各类空间和设施布局，做到"先规划后建设"，逐步实现全域管控。

目标定位

以组织振兴带动乡村振兴，在打造产业乡村、生态乡村、文化乡村、平安乡村、堡垒乡村上开新局。打造看得见山、望得见水、记得住乡愁的红色美丽乡村。

︿村庄规划效果图

规划理念

依托周边丰富的红色资源以及旅游资源，挖掘困牛山红军精神，与周边生态资源进行整合和创新开发，打造以党性教育、红色研学、企业培训、旅游体验为主要功能的体验型红色美丽村庄。

主要内容

1. 回归乡村本位，把乡村基础功能的建设发展作为着力点。围绕乡村的生态供给功能、粮食安全基础功能、居住功能、教育与文化传承功能，重点完善生态基础设施、农业基础设施、生活基础设施与人居环境、教育与文化设施，形成乡村长期稳定发展的基础。

2. 培育发展能力，把产业发展及运营能力建设作为乡村发展核心抓手。依托村支两委、驻村服务队，以专业合作社、村办企业为平台，千方百计吸引能人回乡就业。通过成立集体资产管理公司，培育村集体经济的产业发展能力、资源资产整合能力以及市场运营对接能力。

3. 活化资源资产，把乡村存量资源资产的活化发展利用作为主要方向。充分利用水稻种植、玉米种植、蜂糖李种植，充分利用闲置地、荒地，通过"龙头企业＋平台公司＋村集体合作组织＋农户＋基地"的农村"三变"改革模式打好传统村落发展的基础，吸引村民在本地就业。充分发挥红色文化优势，发展红色教育产业；充分利用地域文化优势发展相关产业；充分利用好村集体闲置资产，通过功能复合等模式集约出可发展空间，创新结合宜居农房改造和闲置用房形成可利用空间。

近期建设项目

困牛山红色美丽村庄近期建设项目总计 16 个，主要涉及党的建设、红色文化传承、集体经济、产业提升以及人居环境改善等内容，近期建设项目充分结合村民诉求，与困牛山村红色文化传承、产业发展、资产合理盘活、服务设施提质、村容村貌改善、村庄治理提升有机协调与融合，建立长效运营体制机制，并总结可推广复制的示范经验。

实施成效

1.目前，困牛山红色美丽村庄试点建设一期16个重点建设项目已基本完成主体建设，以红军壮举纪念碑为核心，环绕跳崖壮举英雄路和长征步行体验、车行游览"两条环道"，打造3个红色自然村寨，并嵌入1个红色教育培训基地，让困牛山村红色文化产业助推乡村振兴。

2.通过调整优化困牛山村现阶段产业布局，形成"一轴、两心、三片区、多点"的产业空间格局，建立了困牛山特色鲜明、乡村独有、优势明显的农业特色产业。

3.通过建设绿色通道、生活垃圾治理、村容村貌提升、人居环境整治，在农户门前建设"小花园"和"彩墙"，种植花卉，使困牛山村真正成为看得见青山、望得见绿水、留得住乡愁的美丽宜居新农村。

︿ 村庄入口标识

⌃ 战斗遗址纪念碑效果图

⌃ 宜居农房效果图

⌃ 红色自然村寨效果图

⌃ 长征步行体验道效果图

⌃ 红色教育培训基地效果图

驻村规划师的收获与感悟

自项目开展以来，前期通过全程参与项目组的实地调研、问卷调查、村民讨论会，充分了解困牛山的红色文化资源、现状特征、村民诉求，并与当地村民以及各级政府协商困牛山村的发展思路，共同谋划困牛山村的发展蓝图。规划编制完成后，通过村民版成果及时向村民以及村干部展示困牛山村红色美丽村庄试点建设村庄规划。在后期项目的实施过程中，现场驻村遇到问题及时与各方沟通协商解决，保障各个建设项目顺利推进，同时保证实施建设的项目与规划协调统一。项目实施完成后，落实好困牛山村的管制规则，实现可持续发展的目标。

村庄的规划建设需要多方共谋、多方共建、多方共营，而驻村规划师在其中发挥着"翻译官""宣传员"以及"协调员"的作用，通过对困牛山村规划建设的指导与监督，提升了自身的乡村规划工作水平。

亮点特色

1. 依托困牛山红色文化资源，以弘扬爱国主义精神为基调，以困牛山红军壮举纪念碑为核心，构建了1条跳崖壮举英魂路、长征步行体验道、长征车行游览道、

▲ 改建后的村居风貌

3 个红色自然村寨、1 个红色教育培训基地的"一核一路两环三寨一基地"的景观格局。

2. 积极推行"村集体合作社＋种（养）大户＋农户"的发展模式，打造"一场、两带、三园"产业，逐步将山地生态农业产业做成让全村农民增收的支柱产业。

3. 农房与宜居环境——"三园、点绿、村树、篱墙"。按照宜菜则菜、宜果则果、宜花则花的原则，实施房前屋后菜园、果园、花园建设，保护农耕文化，留住乡土味道，四季蔬菜满园、花果飘香，突出乡村风貌特点，打造幸福美好的自然生活空间。

经验启示

1. 以组织振兴带动乡村振兴，通过政府主导，部门参与，规划编制单位指导，村支两委组织和引导村民、乡贤等共谋村庄的规划。

2. 从产业、文化、村庄发展到村容村貌，充分尊重村民意愿，群策群力共同做好规划编制工作。

3. 多专业团队协作，规划专业人员负责村庄布局、规划，建筑专业人员负责建筑、风貌设计，市政专业人员负责市政基础设施规划，产业专业人员负责产业谋划与规划。驻村规划师全程参与村庄调研、规划以及实时跟进村庄建设，保证实施与规划协调统一。

专家推荐语

困牛山村是贵州省首批红色美丽村庄建设试点村之一。1934 年 10 月，100 多位红军战士宁死不伤百姓，宁死不做俘

△ 红色基地鸟瞰图

△ 特色文化墙

△ 宜居农房

△ 田园风光

︿红军战士雕像

︿红色文化情景再现

虏，在困牛山毅然集体跳崖，为革命捐躯，用鲜血和生命写下红军史上最为悲壮的一曲英雄赞歌。困牛山村因英雄而知名，成为缅怀革命先烈、不忘初心使命、传承红色基因的重要爱国主义教育基地。

该规划整合困牛山村庄发展诉求，打造集"红色传承、党建研学、产业兴旺、组织强健、村庄靓丽"于一体的红色美丽村庄，规划具有以下亮点。

（一）村庄特色体现鲜明

该规划对困牛山及周边地区红色史实、红色文化资源进行了深度梳理，结合时代特征和发展需要，明确提出"联村纳田融山"空间塑造思路，形成"景村一体化、红旅一体化"发展构想，既彰显了困牛山村特有的自然与人文风貌，也体现了红色资源在革命老区建设中的重要价值。

（二）"多规合一"融合科学

该规划充分吸收和借鉴了原土地利用总体规划、原城乡规划好的做法，在国土空间规划体系框架下，实现了空间格局优化、用地要素保障、红色资源挖掘、历史文化传承、产业有序发展、资产合理盘活、服务设施提质、村容村貌改善、村庄治理提升等诸多目标有机协调与融合。

（三）规划实施成效显著

该规划编制完成以来，相关规划内容落地迅速，实施顺利。乡村本位得到巩固，生态基础设施、农业基础设施、生活基础设施与人居环境、教育与文化设施等提质升级，村庄持续发展基础不断牢固。乡村产业发展活力彰显，依托专业合作社、村办企业等平台，不断吸引能人回村就业；通过集体资产管理公司，培育壮大村级经济发展能力。乡村资源资产价值不断释放，充分用好各种乡村产业和闲置土地，通过"三变"模式持续打造村庄发展产业基础；充分发挥红色文化优势发展红色教育产业；充分利用好村集体闲置资产，通过功能复合再开发，激活宜居农房改造和闲置用房利用，为村庄红色资源释放动力提供空间和要素支撑。

（四）规划编制理念新颖

该规划将村民需求放在首位，充分进行村民需求调查、乡贤走访问策，将村民对村庄发展的诉求逐一梳理、落实；参与式规划、"共治共享"成为规划编制重要理念。同时，组建了一支由规划、建筑，市政、产业等多专业人员组成的规划团队，驻村规划师全程参与村庄调研、规划编制和规划实施，保证实施与规划协调统一。

⌃ 村内图书室

三都水族自治县普安镇高硐村平冲寨

特色田园乡村·乡村振兴集成示范试点村庄规划

◆ 贵州省交通规划勘察设计研究院股份有限公司

△ 村落风貌图

△ 入户调研

基本情况

高硐村国土面积为 3209.47 公顷，其中耕地面积为 497.35 公顷，永久基本农田面积为 354.22 公顷，生态保护红线面积为 100.14 公顷。示范试点范围为平冲寨两个村民小组，国土面积为 313.21 公顷，其中耕地面积为 53.92 公顷，永久基本农田面积为 39.80 公顷，不涉及生态保护红线，建设用地面积为 9.02 公顷。高硐村有 236 户 1036 人。高硐村平冲寨是一个水族、苗族共生的特色民族村寨。民族风情浓郁、民族节日众多、民族文化底蕴深厚，有水族文字、鼓舞、芦笙制作、跳月、蜡染等非遗文化。村庄整体格局较好，依山而建，建筑主要沿主要道路两侧分布，传统民居建筑特征较明显。村庄山水林田相互依存，森林覆盖率超 72%。山高坡陡，耕地面积数量少，土地细碎化且不成规模，是典型的喀斯特山地村庄。交通十分便利，区位优势明显，车程 20 分钟以内均可到达普安镇镇区、三都水族自治县县城、厦蓉高速三都收费站。同时，高硐村还位于荔波小七孔—丹寨万达小镇—西江千户苗寨—镇远古城等黄金旅游线路上。主导产业以传统农业（水稻、玉米等传统农作物）、旅游业为主。文旅资源非常丰富，是"贵州省甲级乡村旅游村寨"、电影《我和我的家乡》首映式分会场，且村庄已建成部分服务设施，特色文旅村庄已现雏形，具有较强的可塑性。

比较优势

首先，资源丰富，具有富有特色的山地田园环境，以及多元浓厚的文化底蕴；其次，交通区位便利，村庄位于厦蓉高速、余安高速交汇点，是省内旅游高速必经点，对外交通便利；最后，特色民族建筑保存相对较好。

存在的问题

1. 传统文化如何延续，多民族之间如何和谐共生？

高硐村平冲寨是一个以民族文化为特色的村庄，民族风情浓郁，文化底蕴深厚，如何以村庄为载体，延续、推广特色传统文化，让传统文化活下去？多民族之间如何和谐共生？

2. 如何节约集约用地？

高硐村平冲寨山水林田相互依存，山高坡陡，土地细碎化且不成规模，用地不足而村庄内闲置房屋有 40 栋左右，在后期规划建设时如何盘活闲置房屋，如何节约集约用地？

3. 建筑风貌如何让新建民居与传统民居相协调？

村庄依山而建，河流将平冲两寨之间分隔，村内建筑多以木结构为主，冲寨以苗族为主，随山势层层递升，平寨主要以水族为主，沿道路分布，布局上农田随建筑分散，四周山体环绕，山—田—水—寨相互依偎，彼此共存。村庄出现乱搭乱建的现象，村容风貌开始显得杂乱，如何让新建民居与传统民居相协调？

思路方法

针对村庄所存在的问题，首先充分了解村庄的基本情况，长期驻扎在村庄，并做入户调查、召开院坝会、走访本地名师。深度挖掘村庄内的民族文化，同时在村内开展非遗传承人的培训、展示以及开展非遗研学活动等，让村民、游客能切实感受到文化的魅力，让文化兴起来、活起来、传承起来。

然后收集了 12 条来自村民、政府、企业等方面的发展诉求，主要涉及公共服务设施、基础设施、绿化、产业、建筑风貌等方面，在后期规划中均采纳，我们利用闲置建筑补足村内公共服务设施，两寨之间共同建设服务设施，多民族之间实现共建共享，以达到节约集约用地的目的。

最后我们对建筑的风貌进行控制，通过应用传统建筑的元素、尺度、立面等来进行控制指引。

编制过程

一是读透政策并解析，厘清思路，制定框架；二是规划团队驻村生活，与村支两委、村民代表和各部门建立多层次沟通机制，通过问卷、交流访谈等了解村民的发展诉求；三是找准发展目标，塑造村庄定位；四是本着耕地优先、生态优先的策略，落实永久基本农田、生态保护红线的管控要求，合理集约布局生活空间，严格落实空间分区分类管控要求；五是对村庄的设施进行合理配套，强化村庄发展的支撑；六是从建立县镇村三级联动组织体系、用好用活各类政策、强化制度保障、强化督导考核四个方面来保障措施。

目标定位

寻幽原乡水韵，醉卧一方苗山——以苗族、水族村落为核心，以坚守底线思维为原则，以乡土文化保护为基础，以生态资源为载体，以村民幸福感为根本，打造建筑风貌协调、庭院生态优美、宜居宜业宜游的农文旅融合发展特色田园乡村集成示范村庄。

规划理念

规划提出以三生空间融合为前提；以精准分类、不搞一刀切、保持民族特色、不"贪大求洋"为原则；推进以生态环境、村庄环境、家居环境治理和建筑风貌、道路交通、庭院景观、服务设施提升为重点的"一理念、两原则、三治理、四提升"的整体发展思路和理念。

主要内容

（一）规划策略

结合高硐村"耕地细碎、数量稀少"的现状特征，坚持以永久基本农田保护、建设用地红线、生态保护红线为基础，以尊重现状、尊重自然、建设人与自然和谐共生的和美乡村等为原则，盘活现状资源，不突破"三线"，建设用地指标基本零新增。

（二）国土空间规划

为保障生态环境和耕地、落实生态保护红线和永久基本农田保护制度，规划开展了国土空间综合整治工作，划定"三生"空间、村庄建设边界线，优化村庄用地布局，节约集约土地。

（三）产业规划

以农文旅融合型民族特色旅游业为主导产业，因地制宜发展山地特色小田园，围绕推动三都水族自治县稻花鱼、中药材、黄桃等特色农业产业提质发展开展示范的同时，拓展农业多方面的功能，推动农文旅融合产业高质量发展。

（四）人居环境整治提升

以保障村民生活为基础，结合村民需求，利用闲置建筑补足村庄设施，规划农村养老设施、节庆活动场地、非遗展示馆等，完善村内基础服务设施。

（五）存量盘活利用

对前期招商引进且已完成了开发建设的 75 栋房屋、相关设施以及村内闲置用房进行盘活利用。通过将村庄剩余的近 20 栋闲置房屋改造建设为特色产品交易、特色民俗文化体验场所，将闲置的老村委会改造为养老院等方式盘活村庄内闲置用房。

▲ 村庄整体风貌格局

▲ 民居整治后效果图

▲ 民居整治后实景图

近期建设项目

高硐村平冲寨规划总项目（2021 年—2025 年）有 5 大类 68 小类，规划近期建设项目（2021 年—2023 年）有 58 小类。截至目前，已建项目 58 个，如公共基础设施类：已完成覆盖 236 户村庄集中污水管网铺设；完成连心桥建设；完成寨内强弱电线路改造，路灯照明建设；完成健身广场建设，正在开展老卫生室闲置用房的空间改造建设；完成供水管道改造，高位水池建设、修缮，以及覆盖 236 户的消防管网铺设。生态景观类：已完成全寨脏乱差整治 250 余处，核心区庭院整治已完成 12 户；河道清淤与河道治理 630 米。民居整治类：外立面整治完成 39 栋。产业配套：完成鱼苗发放，完成集非遗培训、蜡染、农特产品、芦笙、民族共同体意识等多功能融合中心 1 个，完成砂糖橘示范园建设，完成人才培训基地 1 个，完成民俗文化展览馆 1 个。人才组织类：已建立合作社，并邀请贵州省农科院等专家到实地进行培训与指导。正有序开展生态停车场、道路绿化、景观小品、入口景观绿化、水电管网等建设。

实施成效

1. 有效指导村庄建设。在村庄规划指导下，村内建设初见成效。对村庄进行了整治，对全村违法建筑进行了依法拆除，对公共空间进行了改造，环境风貌得到了有效提升，村内的生态、农业空间得到了有效保护。

2. 村庄基础设施建设日趋完善。目前，已建项目有 58 个，民俗文化展示馆、健身广场、砂糖橘示范园、道路绿化、人才培训、研学活动中心等项目逐步落地，建筑风貌整治、庭院环境美化已落实，村庄人居环境逐步改善，形成了有安全感和归属感的乡村社区空间。

3.乡风文明。制定了村规民约，将村庄规划、建设要求纳入村规民约，建立了长效管理机制，充实了规划实施成果管护的力量，规范了实施成果管护工作体系。

4.高硐村平冲寨成功获批省级特色田园乡村集成示范试点，入选首批省级乡村旅游与传统村落深度融合示范点名录；成功建成研学实践基地，吸引了在校学生来此开展研学活动，同时接待省、州各级领导进行了现场指导、观摩。

驻村规划师的收获与感悟

驻村规划师全过程参与，提供陪伴式规划尤为重要。从村庄规划到建设以来，我驻扎在高硐村近70天，我们规划团队与

联心桥

村民参与建设

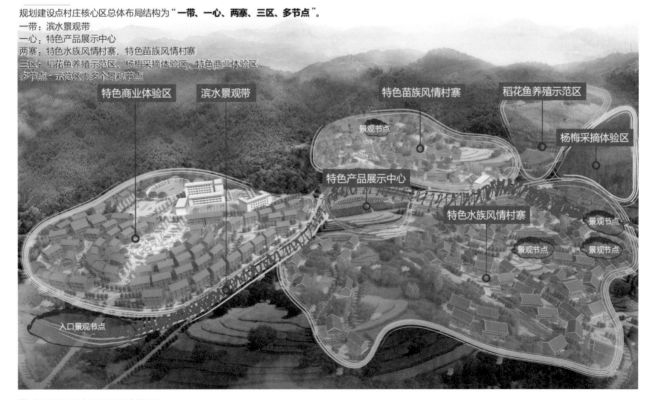

规划建设点村庄核心区总体布局结构为"一带、一心、两寨、三区、多节点"。
一带：滨水景观带
一心：特色产品展示中心
两寨：特色水族风情村寨、特色苗族风情村寨
三区：稻花鱼养殖示范区、杨梅采摘体验区、特色商业体验区
多节点：示范区内多个景观节点

高硐村平冲寨空间结构图

▲ 高硐村平冲寨鸟瞰图

村民生活在一起，通过走街串户和对每家每户进行问卷调查，厘清村庄的历史沿革和特色民族文化；摸清村庄人口构成、现状设施、闲置建筑、建筑风貌等情况；了解村民、村支两委以及政府的诉求；同时以新村民的视角去发现村庄的美、特色，找准村庄发展的基点，明确村庄的发展定位。

驻村规划师一般身兼数职，首先具有解读作用，在规划前期需为村民、村支两委及政府部门解读相关的政策，在规划过程中解读村庄规划等；然后具有协调作用，在规划与建设过程中，村民、政府之间的思路有出入时，我们应在了解村民诉求的情况下，结合专业的研判，有效地与双方进行沟通，寻找最佳解决方法；最后具有凝聚引导作用，村庄建设主体本是村民、政府、企业，而我们就是将规划团队、村民、村支两委以及政府部门全部凝聚在一起，在村庄建设过程中对村庄建设进行现场指导与服务，与实施主体和建设单位及时沟通协调具体实施方案和工程细节，确保村庄设施、风貌、产业等项目能落地实施，提升村庄建设的质量与建设效率，保障村庄实施的效果，真正实现共谋、共建、共管、共享。同时引导村民、政府全过程参与村庄规划与建设，增强村民的意识，激发村民共同建设家园的积极性。

亮点特色

1. 重拾特色民族记忆，实现农文旅全面振兴。挖掘民族文化，保护民族风情，举办民族节庆、农耕体验等主题活动；培养文化传承人，建立非物质文化体验基地，开展蜡染、芦笙民间技艺传承、研学、体验活动，使文化活起来、火起来。

2.推动"三生"融合，优化用地布局，实现用地集约高效。以生产发展、生活幸福、生态和谐的"三生融合"为理念，形成"一带一心两寨三区多节点"的布局，加强民族交往交融，从生活、工作学习、文化娱乐等日常环节入手，创建各民族和谐共居、共学、共事、共乐的空间环境，实现节约集约用地。

3.美化人居环境，保护传统风貌，构建人与自然、多民族和谐共生的生态环境。提升村庄基础设施水平，尽可能利用闲置建筑打造和完善公共服务设施、旅游配套设施等，形成共建共享的村民活动场地，满足各民族的节庆活动及日常互动需求。

4.建立乡贤会，凝聚各界力量共建美丽家乡。通过建立乡贤会，凝聚本土优秀人才，融合资金、信息、技术等，为村庄建设提供人才支撑，为社会治理发挥独特的"润滑剂"作用。

经验启示

1.夯实前期调研基础，尊重村民主体地位，注重村民深度全过程参与，增强"造血"功能。

规划要尊重村民的主体地位，让村民全过程参与规划。调研阶段，长期驻扎村庄一线更全面了解村民诉求，与村支两委、村民代表和各部门建立多层次沟通机制。同时利用好当地的特色、生态资源优势，为高硐村寻找发展新路径，让村庄具有"造血"功能，激发内生动力，并引导村民全过程参与，坚持共建共治共享的基层治理共同体。规划具有科学性和可实施性，能真正体现实用性村庄规划的内涵。

2.激活村庄闲置资源，激发乡村活力。

村庄内空闲宅基地、土地资源浪费。通过了解空闲用地的土地权属问题，在征得权属人同意的前提下，将空闲用地改造整治为活动中心、非遗展示馆、敬老院等公共服务设施，变废为宝，使得废弃宅基地成为吸引村民集聚的休闲娱乐场所。规划的实施可集约利用土地，改善村庄环境，促进村庄经济发展。

︿建筑风貌及庭院环境改造前（一）

︿建筑风貌及庭院环境实施改造后（一）

︿建筑风貌及庭院环境实施改造后（二）

︿建筑风貌及庭院环境改造前（二）

︿研学活动

︿消防设施

专家推荐语

1. 以产业带动民族融合，"三生"空间的发展具有较强的示范性。

该村庄是以水族、苗族为主的多民族共生民族村庄，典型的以影视旅游产业项目为带动的发展模式。村庄为耕地面积少且细碎化的典型喀斯特山地村庄，传统农业产业规模化发展受到极大限制，围绕旅游产业打造的生活、生产、生态空间在贵州省的村庄中具有较强的示范性。

2. 规划编制基础工作扎实，方法策略科学，内容全面。

规划重视深入扎实的基础调研，突出村民为主体，做到全面摸家底、集民意，真正做到了对村庄、村民的充分了解。规划编制立足"多规合一"，结合村庄的实际情况和村民需求，对旅游产业和村庄发展的处理关系得当，对村庄的发展目标、特色定位均科学合理地提出了解决的方式、方法和实施步骤，形成了内容全面、技术质量较高的规划成果，并在规划的实用性方面起到了引领作用。整体来看，规划成果具有很强的代表性、推广性、参考性及可借鉴性。

3. 规划实施高效有序推进，探索乡村振兴有效路径。

规划获批后，在坚持规划先行、政府主导、群众参与、共商共建的基础上，县、乡、村齐心协力，抓住影视剧拍摄的机遇，持续加大社会资本的引入，全面保障规划实施的高效有序推进。该实施模式在复制性上虽然受到一定的客观原因的限制，但其发展模式为贵州省乡村振兴发展路径提供了有效的探索和示范带动。

︿ 与相关部门沟通

︿ 规划师现场指导实施

︿ 建筑风貌改造效果图（一）

︿ 建筑风貌改造效果图（二）

盘州市盘关镇贾西村

特色田园乡村·乡村振兴集成示范试点村庄规划

◆ 广东省城乡规划设计研究院有限责任公司

基本情况

贾西村位于盘州市盘关镇东部，全村共有 738 户 2315 人，多民族聚居，少数民族人口占 24%。村域国土面积 970 公顷，建设用地 52.72 公顷，耕地 200.03 公顷，涉及永久基本农田 175.29 公顷。村庄具有较好的区位优势和较为成熟的主导产业，距水盘高速滑石出口约 5 千米，距盘州高铁站约 10 千米，是"刺力王"品牌核心种植基地，是典型的集聚提升类村庄。

比较优势

贾西村具有区位条件、主导产业、三产融合、乡贤文化、生态环境等五大优势。

一是区位条件优越。贾西村是国家 AAAA 级景区哒啦仙谷的景边村，且靠近官山机场和临空经济区。二是刺梨主导产业优势突出。贾西村是在全国具有影响力的"刺力王"品牌核心种植基地，曾获国家级刺梨产品出口基地、全国"一村一品"（刺梨）特色示范村镇、贵州省第一批省级现代农业产业园等荣誉称号。三是三产融合优势明显。贾西村汇集六千亩刺梨产业基地、"九峰莲池"景点、靠近国家AAAA 级景区哒啦仙谷景区，具有产景融合、农工融合、农旅融合的一体化优势。四是乡贤带动基础较好。在全国脱贫攻坚先进个人聂德友、全省脱贫攻坚优秀党组织书记龙涛等乡贤的引领下，贾西村村民团结，群众发展产业积极性较高，内生动

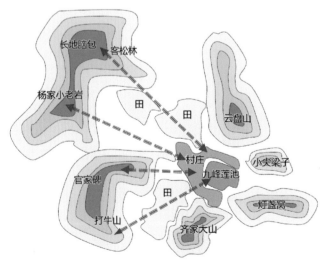

◀ "九峰莲池"及"三生"空间示意图

力强劲。五是自然生态环境优美。贾西村九峰环绕，刺梨飘香，村落布局与自然环境浑然一体，是生产、生活、生态空间高度和谐有序共生的田园村落。

存在的问题

通过发放调查问卷、入户访谈等多种形式，深入了解村民需求。经统计，共收集并采纳意见30余条，主要集中于产业、村容村貌、农房、公共服务、公用设施五大方面。

一是产业链较短，附加值不高。全村以刺梨为主导产业，发展基础较好，但产业链较短，附加值不高，带动就业人数有限。

二是村庄建筑风貌较杂乱，未形成特色。村内建筑色彩多样，建筑风格混杂，未能结合民族、地域特色，形成村庄特色风貌。

三是农房功能布局不够合理，宜居性不强。村内农房功能布局未能满足现代化农业生产与农民生活习惯的要求，整体宜居性有待提升。

四是公共服务配套不完善。村内缺乏文化设施，公共活动空间不足。

五是基础设施有待完善。村内道路系统不完善，村民出行不便；村内无排水系统，生活污水未经处理随意排放。

思路方法

围绕"五大战略"，以"特色""田园""乡村"为三大主题，夯实九大核心内容，响应九大统筹。"特色"是竞争力，重点打造三大特色，即特色产业、特色文化、特色生态。"田园"是意境，强化三大田园，即田园风光、田园建筑、田园生活。"乡村"突显的是可持续，提升三大乡村，即宜居乡村、文明乡村、活力乡村，将贾西村打造成为生态宜居的特色田园乡村。具体包含以下三个方面。

1. 强化产业体系建设，做优刺梨特色产业。立足盘州刺梨现代农业产业园核心区的资源优势，紧抓"生态产业化、产业生态化"的主线，以推进一二三产业融合为重点，不断培育壮大新型经营主体，创新农民利益共享机制，构建可持续发展的生态循环模式。

2. 提升村容村貌，彰显村庄特色魅力。重点开展"两清三园、四拆、一分三净五改"工作，清理村内垃圾、污水等，提升村容村貌，彰显村庄特色魅力。

3. 加强用地布局优化，引导资源有序投放。强化底线管控，严格落实耕地和永久基本农田、生态保护红线的保护要求；盘活乡村存量用地，通过市场流转、用地置换、优化结构等方法探索存量用地开发新模式，保障村内产业和公共服务基础设施用地。

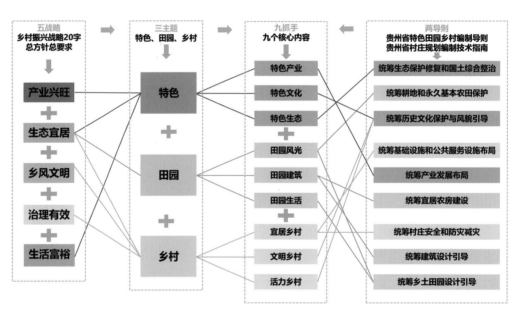

⌃ "5+3+9+9"集成示范体系图

编制过程

1. 党委、政府高度重视。成立以党政"一把手"为组长的领导小组，成立特色田园乡村规划工作专班，实行村庄规划一日一调度推进工作机制。

2. 调研摸底，深入细致。通过发放调查问卷、入户访谈、集中座谈等多种形式，党委、政府领导带头下村调研 10 余次；村规产规专班驻村调研 20 余天；召开专班碰头会 10 余次；访农户，进田间，吃农饭，住农屋，与镇、村干部和群众座谈交流，组织召开群众会议 10 余次，以充分听取村民诉求和意愿，征求村支两委、乡贤代表的建议。

3. 研判会商，强力高效。确定规划编制单位成立工作专班后，在村庄规划编制阶段，党委、政府共进行了 14 次集中讨论，召开了 2 次专家评审会议，高效高质完成了村庄规划成果。

4. 保障支撑科学可行。制定资金（出台保障政策、创新融资方式、引导自筹资金）、人才（注重培养和引进结合）、机制（完善宣传保障机制、加强学习保障机制、加快机制改革步伐）三大保障措施，以支撑规划科学可行，确保村庄蓝图顺利落地。

目标定位

构建"1+5"的建设目标体系。"1"为围绕产业兴旺、生态宜居、乡风文明、治理有效、生活富裕等方面形成振兴总体目标，"5"为围绕巩固拓展脱贫攻坚成果示范、一二三产业融合发展示范、生态产业化和产业生态化示范、农旅融合发展示范、区域联动发展示范形成五大示范目标。

形象定位：九峰莲池，梨香贾西。

功能定位："生态产业化、产业生态化"的实践者，刺梨产业与刺梨品牌走向世界的引领者。

规划理念

紧紧围绕"五个振兴"，把贾西村建设成为"产业特、生态优、村庄美、乡风好、集体强、农民富"的特色田园乡村。

理念一：以农民为本，突出功能实用，尊重农民意愿。

理念二：坚持因地制宜，突出贾西特色，坚持文化传承。

理念三：注重系统长远，突出"多规合一"，严格落实耕地和永久基本农田、生态保护红线保护要求，坚决遏制耕地"非

△ 入户调研

△ 驻村调研及座谈

△ 部门专题讨论会

△ 专家评审会

△ 田园建筑效果图

△ 田园风光采摘园效果图

农化"和农村乱占耕地建设行为。

主要内容

1. 加强贾西"特色"规划，提升村庄竞争力。

做优贾西特色产业，打造集刺梨种植、刺梨加工、刺梨研发、刺梨培训、刺梨观光、刺梨旅游于一体的生态产业体系建设，打造"中国刺梨产业示范村"。传承贾西特色文化，挖掘和传承生态脱贫的刺梨文化，彰显地方特色。保护贾西特色生态，加强重点区域环境治理，保护九峰环绕的优越生态环境。

2. 加强贾西"田园"规划，提升村庄生活意境。

美化田园风光，通过打造刺梨梯田、梨乡广场等景观空间，塑造"梨香贾西"田园风光。靓化田园建筑，通过风貌整治景观优化措施，打造宜居农房建设指引。重塑田园生活，重点打造文化活动中心、梨乡广场，提供舒适宜人的活动场所。

3. 强化贾西"乡村"治理，提升村庄可持续发展力。

实现宜居乡村，通过增加公共服务设施、优化交通设施、完善基础设施，提升村民生活便利性。提升乡村文明，通过纯化民俗民风，评选文化示范，建设乡贤队伍，塑造新风气、新作风。增强乡村活力，通过开展主题活动，构建丰富多元的活动场景，营造和谐、幸福的乡村氛围。

4. 加强"三线"衔接，强化底线管控。

严格落实耕地和永久基本农田、生态保护红线保护要求，坚决遏制耕地"非农化"和农村乱占耕地建设行为；注重增存并举，闲置土地资源再利用，集约高效布局村庄建设用地，合理预测分户带来的新增宅基地需求，为村民住宅建设用地预留空间。

村民版成果

严格落实耕地和永久基本农田保护。村内永久基本农田主要分布在西南部及西部地区，任何单位和个人不得擅自占用或改变用途。村民不得随意占用耕地，确需占用的，严格落实"占优补优、占水田补水田、数量质量并重"的要求。

加强农村住房管控。严格执行"一户一宅"政策，规划新申请的宅基地，只能在宅基地建设范围内，并优先利用村内空闲地、闲置宅基地和未利用地。规划新申请的宅基地，农村住宅原则上不超过 3 层，底层层高原则上不超过 3.6 米，标准层层高原则上不超过 3.3 米，每户建筑面积应控制在 320 平方米以内。

统筹产业发展空间。经营性建设用地建筑密度须控制在 45% 以下，建筑高度不超过 18 米，容积率不超过 1.2，绿化率大于 30%。经营性建设用地布局一般不得调整，确需调整的须经村民小组同意，须报原审批机关审查批准。

加强村庄安全和防灾减灾工作。村民的宅基地选址和农房建设须避开自然灾害易发地区。村庄建筑的间距和通道的设置应符合村庄消防安全的要求，不得少于 7.5 米；消防通道不准长期堆妨阻碍交通的杂物。学校、广场等为防灾避险场所，紧急情况下可躲避灾害。

近期建设项目

按照"产业兴旺、生态宜居、乡风文明、治理有效、生活富裕"的总要求，从产业发展、文化传承、环境景观、生态修复、设施配套、宜居农房整治 6 个方面共谋划项目 20 个。其中，产业发展项目 4 个，生态修复项目 1 个，文化传承项目 5 个，环境景观项目 1 个，设施配套项目 8 个，宜居农房项目 1 个。

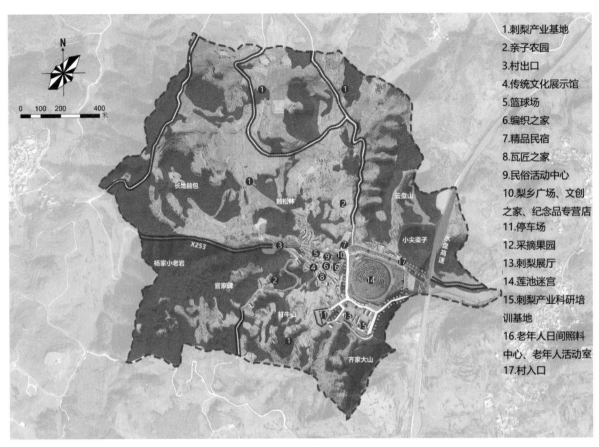

1.刺梨产业基地
2.亲子农园
3.村出口
4.传统文化展示馆
5.篮球场
6.编织之家
7.精品民宿
8.瓦匠之家
9.民俗活动中心
10.梨乡广场、文创
之家、纪念品专营店
11.停车场
12.采摘果园
13.刺梨展厅
14.莲池迷宫
15.刺梨产业科研培
训基地
16.老年人日间照料
中心、老年人活动室
17.村入口

︿ 近期建设项目规划图

︿ 刺梨加工厂示意图

实施成效

1.贾西村的知名度显著提升，国家及省级各大媒体先后报道。

中央17台农业农村频道《我的美丽乡村》节目专题报道贾西村，贵州省人民政府网"乡约贵州"栏目专题宣传贾西村。

2.刺梨产业链显著延伸，多地农业技术人员前来培训。

从原有的刺梨种植、刺梨加工，发展成为集刺梨种植、刺梨加工、刺梨研发、刺梨培训、刺梨旅游于一体的综合生态产业集群。 建设刺梨培训中心和刺梨加工中心，与贵州省农科院的专家开展刺梨种植和加工培训。

3.村容村貌和谐有序，村庄特色魅力彰显。

通过清理垃圾、治理污水改善环境，通过建设宜居农房等项目美化村庄风貌；以彰显贾西村特色魅力。

4.配套设施日趋完善，乡村宜居性显著提升。

打造文化活动中心、梨乡广场、文创之家等公共服务设施，完善供给排管网、污水处理池、公厕、消防室等基础设施，极大提升了村民生活便利性。

△ 中央17台农业农村频道报道贾西村

⌃ 多地农业技术人员来贾西村考察和培训

驻村规划师的收获与感悟

　　作为贾西村的"1+1"驻村规划师，能参与到乡村振兴这项伟大的事业中来，我深感荣幸，同时也深感自身肩负的责任和使命。驻村规划师作为"翻译官""宣传员""协调员""技术员"，在村庄规划中发挥着重要作用。驻村以来，我主要开展了以下工作：一是参与规划团队驻村调研，通过深入走访、集中座谈等方式，向村民讲解村庄规划编制的目的及意义，征求群众意见，合理采纳村民诉求，引导村民积极参与到村庄规划编制中来。二是通过资料收集、现状调研、村民诉求等方式，找到村庄发展难点和痛点，规划团队集思广益，制定有效策略等解决难题。三是定时组织各部门召开讨论会，及时发现规划中存在的问题，以保障规划的合理性。四是鼓励村中的技艺匠人投工投劳，参与项目建设，使得村民更具参与感。五是依规落实项目建设，做好监督及指导，确保项目保质保量如期完工。

　　在驻村工作期间，我接触了很多未曾涉及的领域，触及了诸多知识盲点，这促使我不断努力，不断充实和完善自己，以期未来剑指所向，力所能及，为祖国乡村振兴事业贡献自己的一份微薄力量。

亮点特色

1. 开创"石漠荒山变金山银山"的贾西模式，在全省乃至全国均具有较高示范性和推广意义。借助"三变"改革，按照"平台公司＋合作社＋农户＋村集体"的发展模式，吸纳农户用土地入股，按照"保底分红＋收益二次分红"的利益联结机制，合作发展刺梨产业，实现农民大增收。

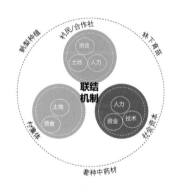

︽ 利益联结机制示意图

2. 深化"三大特色""三大田园""三大乡村"的规划编制手法，提升村庄规划的整体水平。以"特色""田园""乡村"为三大主题，从做优特色产业、传承特色文化、保护特色生态三个角度建设具有引领示范作用的特色村庄；从美化田园风光、靓化田园建筑、重塑田园生活三个角度建设充满诗情画意的田园村庄；从实现

︽ 贾西村"石漠荒山"变"金山银山"模式图

刺梨主题文化中心（改造前）

刺梨主题文化中心（改造后）

贾西文创中心（改造前）

贾西文创中心（改造后）

集中圈舍（改造前）

集中圈舍（改造后）

宜居乡村、提升乡村文明、增强乡村活力三个角度建设和谐有序的幸福村庄。

3. 创新规划组织编制模式，保障村庄蓝图落地。成立以党政"一把手"为双组长的特色田园乡村工作领导小组，建立盘州市特色田园乡村规划工作联席会议制度，组建产业规划组、村庄规划组及项目实施组，制定了《盘州市特色田园乡村·乡村振兴集成示范试点建设资金管理办法（试行）》等。

经验启示

1. 坚持村民参与，体现贾西民声民意。坚持以村民为主体，积极号召村贤、党员、企业家等能人参与，保障村民对规划成果的知情权、参与权、表达权和监督权，群策群力共同做好规划编制工作。听取村委会、村民代表意见等，激发村民主人翁意识，变被动接受为主动参与，提高规划编制质量和可操作性。

2. 强化底线管控，并积极探索贾西村集体经营性建设用地入市相关路径。一是做好村民版成果，严格落实耕地和永久基本农田、生态保护红线保护要求，坚决遏制耕地"非农化"和农村乱占耕地建设行为。二是合理确定贾西村商业服务、仓储物流、旅游发展等经营性建设用地的用途、规模、强度等要求，鼓励经营性产业用地复合高效利用，使得贾西村原本沉睡的土地资源"醒"过来，实现资源增值、集体增收、企业增效。

专家推荐语

《盘州市盘关镇贾西村特色田园乡村·乡村振兴集成示范试点村庄规划》在"贵州省特色田园乡村编制导则"的指引下，立足"产业兴旺、生态宜居、乡风文明、治理有效、生活富裕"五大战略，围绕"特色、田园、乡村"三大主题，对"特色产业、特色文化、特色生态、田园风光、田园建筑、田园生活、宜居乡村、文明乡村、活力乡村"进行了规划和设计。《盘州市盘关镇贾西村特色田园乡村·乡村振兴集成示范试点村庄规划》作为2022年度贵州省村庄规划优秀案例，"优"在以下两点：

1. 产业定位准、模式新。世界刺梨看贵州，贵州刺梨看盘州，盘州刺梨看贾西。曾经的贾西，土地贫瘠、石漠化严重、饱受贫困的折磨；现在的贾西，充分利用国家和省、市关于乡村振兴的红利，正在成为以刺梨产业为主导，农文旅融合的全域旅游示范区、旅游扶贫富民示范区与创新发展示范区。规划以"刺梨产业振兴乡村，刺梨文化赋魂乡村"为内核，充分提炼刺梨产业生态化、生态产业化的实践经验，进一步发展了梨香贾西新范式——石漠换新颜。

2. 村庄底数清、方向明。规划编制单位成立工作专班，召开村民大会，进行入户访谈，通过详细查勘，梳理村寨发展短板和村民需求，摸清村庄底数。根据村庄产业发展定位，优化村庄布局、改善人居环境，配合"两清三园四拆、一分三净五改"，进行公共服务和基础设施规划，合理划分农房室内空间，设计菜园、果园、花园。生态宜居建设与乡风治理并重，民居风貌建设标准写入"贾西村村规民约实施细则"，并上墙公示，有效提升全体村民自我管理、自我教育、自我监督、自我服务、自我约束的能力，保证规划设计落地实施。

《盘州市盘关镇贾西村特色田园乡村·乡村振兴集成示范试点村庄规划》作为2021年贵州省首批特色田园·乡村振兴集成示范点规划，先行先试，有优点也有局限。规划基于贾西村刺梨产业优良发展基因，在刺梨产业全链条发展的实施策略上也还有限；规划基于贾西村多轮村庄规划建设的良好发展基础，在村庄风貌规划设计上创造性略显不足；规划基于贾西村乡贤文化深厚的治理基础，在集体经济引领产业发展上仍有挖掘潜力。期盼贾西村沿着规划设计的方向，高屋建瓴、落地生根，在实践中不断创新提升，在建设成为美丽村庄的同时，引领贵州刺梨品牌走向世界！

务川县长脚村联江组

特色田园乡村·乡村振兴集成示范试点村庄规划

◆ 贵州地矿测绘院有限公司

基本情况

　　长脚村联江组位于务川仡佬族苗族自治县（以下简称"务川县"）城北东侧、柏村镇东部，距务川县城和务德高速务川收费站 27 千米，省道 S302 将联江组与县城及周边村镇串联了起来。该组现状户籍人口 202 户 935 人，国土面积 308 公顷。

　　洪渡河自南流向北、再折向东环绕联江组而过，村庄呈现典型的河谷 - 山地特征和独特的溶蚀、冲蚀型河谷斜坡地形地貌，地势高差大、切割深，海拔低，气温较高，耕地少，耕地面积 63.73 公顷、建设用地面积 8.44 公顷。村庄自然生态优越，依山傍水、"山水林田"相得益彰，处于务川县洪渡河风景名胜区洪渡河景区北部入口，涉及中华倒刺鲃国家级水产种质资源保护区，森林覆盖率为 76.3%，生态保护红线面积 51.29 公顷；村庄人文底蕴深厚，拥有以"红三军强渡长脚滩"为主要线索的丰富红色文化资源，保留有红军渡口、红三军指挥部旧址、红军瓦等红色文化遗存，长脚滩渡口已建成"遵义市爱国主义教育基地"，红色教育研学活动正蓬勃发展；村庄土壤环境质量较好，富硒富锗耕地资源丰富，农业产业基础较好，已种植柑橘 1350 亩，"长脚椪柑"已获得贵州省绿色食品商标。

∧ 村庄地形

山体　村庄　河流　悬崖
河谷斜坡
田园

︿村庄地貌特征

比较优势

1. 区位优势"特"。村庄靠近县城、毗邻省道，可与外部形成强大的区域产业联动之势。

2. 资源禀赋"优"。作为洪渡河流域水生态安全屏障的重要节点，富硒耕地资源丰富，适宜发展富硒产业。宝塔灰岩建筑石材、红军瓦等乡土材料，传统花窗等工艺材料及乡土植物丰富，可现取现用。

3. 产业基础"实"。以柑橘为主的主导产业优势突出，品牌效应初显，辐射带动长脚村种植柑橘 6000 余亩。已建成库容 3000 立方米的冷库一座，具备拓展柑橘贮藏、冷链物流等产业的条件。

4. 红色基因"浓"。红三军抢渡长脚滩，留下了宝贵的红色文化资源和丰富的红色革命精神。红三军临时指挥部、红军瓦窑、长脚滩渡口等成为全县开展红色教育的重要载体。

存在的问题

通过实地踏勘调研、问卷调查、入户访谈、开院坝会、村委座谈、网络或电话访问等多种方式深入驻村调研，全面调查和掌握村庄基本情况，摸清村民在产业发展提升、居住环境改善、公共服务配套、政策需求保障、特殊压力缓解等五方面的主要诉求，分析村庄面临的主要问题：柑橘品种老化，精、深加工及体验不足，产业附加值不高；村集体经济不强，村民以外出务工、种植柑橘获取收入，经济来源渠道较单一；村民建房和产业发展新增建设拓展空间及村庄配套设施用地不足；村庄产业发展与风景名胜区、特有鱼类保护区等生态保护矛盾突出；村庄内部空间散

▲ 实地调研

▲ 入户调研

▲ 征集村民意见

乱、杂物乱堆、家禽散养，人居环境较差，新建砖混建筑与传统砖木、木建筑风貌协调难。

思路方法

1. 测绘地理信息技术支撑，助力规划编制增效创新。利用测绘地理信息技术在基础测绘数据和无人机航测等方面的优势，通过房地一体和土地确权调查、地形测量、三维倾斜摄影、地貌分析、地质和资源调查、上位规划叠图分析等系列方式做好本底分析。创造性建立本土乡土建筑材料和工艺清单、乡土植物清单、乡村工匠和乡贤清单。

2. 目标与问题双导向，明确规划策略和重点。对土地整治潜力、资源保护利用、村庄人口、产业增效、村民增收、基础设施、建筑风貌、人居环境等进行综合分析，摸清村民诉求、剖析存在的问题，结合上位规划的要求，在问题和目标双导向下，明确规划策略和规划重点。

3. "整体策划＋全域规划＋重点设计"编制路径，支撑规划落地实施。以整体策划明确村庄目标定位、产业发展方式和生态保护思路，以全域规划优化村庄布局、完善设施短板、培育特色产业，以重点设计塑造山水田园景观、农房风貌、公共空间及人居环境，保障后续实施建设。

4. "全域全要素管控＋管控单元"管控形式，划定保护格局明确管控规则。结合"三线"及其他空间资源，划定"三大"空间，明确村域开发保护格局与各类空间规模，村庄单元提出管控细则。

5. 严控增量、盘活存量，促进村庄用地节约集约。紧扣村民的需求和村庄的实际问题，以土地综合整治和存量资源提质利用为主要抓手，挖掘存量用地，实现人居环境提升、产业发展提质、村庄管理提效。

编制过程

学习借鉴"江苏经验",成立村庄规划领导小组,组建政府部门、规划人员、村民代表和乡贤能人联动的规划团队,多专业互补、群众乡贤参与、多部门指导。

深入驻村勘察调研,地理测绘与实地踏勘相结合,多次与村民、镇村、部门沟通座谈,入户问卷调查,绘制规划基础图。

总结需求、厘清短板、明确目标定位、制定发展策略,充分运用多学科专业知识,多方共同参与谋划,结合村庄规划的重点要点编制规划。

注重村民主体地位,全过程听取村民意愿,阶段成果在村内征询、村级审议、村内公示,规划成果进行多级审查、专家论证,修改完善后按程序报批。

目标定位

突出"红色长脚、橘满联江"主题定位。以生态保护下休闲体验、传统农业产业升级改造和红色文化传承教育为特色,围绕务川县柑橘产业发展服务核心、遵义市重要红色文化教育体验基地、区域生态保护屏障和生态产业融合发展示范点目标,打造生态宜居宜业村、黔北乡村振兴先行示范村和西部山区乡村振兴样板村。

︿ 传达讲解规划

︿ 指导土地整治

规划理念

规划团队成员多专业复合互补，秉持群众参与、多级指导、共编规划及"多规合一"理念，按照"多层次编制、多空间协调、保护优先、共同缔造"思路，构建"整体策划＋全域规划＋重点设计"的多层级编制路径。着重存量建设用地挖潜、盘活低效闲置用地，实现建设用地增存平衡。注重多空间协调，按照"全域全要素管控总图＋管控单元图则"管控形式，体现村庄规划法定性及详细规划深度要求。

主要内容

1. 落实法定规划要求，划定生产、生态、生活空间。

实施高标准农田建设 1.06 公顷，确保耕地面积不低于 64.29 公顷；严守生态保护红线，划定、落实生态保护红线 51.29 公顷。结合存量地调查，从一户多宅、闲置用房、废弃房、未利用空闲地等方面，有效盘活存量用地 0.56 公顷，住宅用地减少 0.63 公顷，增加公共服务设施用地和产业用地指标，划定村庄建设用地边界 8.52 公顷，实现规划区建设用地增存平衡。

特色
特色产业：精品水果（一产），水果采摘、体验，红色文化体验（三产）
特色生态：洪渡河岸山水林田生态格局
特色文化：用活红色文化资源、讲好瓦匠故事、挖掘仡佬族民族风俗

田园
田园风光：依山傍水尽显绿、绿林环抱寨成村
田园建筑：民居修缮、风貌整治，花园菜园果园扮家园
田园生活：红色文化营氛围、青砖灰瓦出青黄

乡村
美丽乡村：村容村貌整洁、国土综合整治、生态修复
宜居乡村：宜居农房建设、基础设施提升、公共服务设施改善
活力乡村：基层组织建设、深化农村改革、乡风文明建设、智慧乡村建设

△ 村庄发展愿景

2. 实现详细规划要求,制定村庄管控措施。

规划以"图则"形式对用地边界、用地性质、具体指标、用地分类、建设要求和风貌管控等方面进行指导管控。对农业、生态空间进行特有空间细化,制定准入及管控细则,实现全域管控和指导要求。

3. 确定目标路径,落实振兴要求。

围绕"五大振兴"要求,构建"一轴两核两带三区"的规划结构,制定以柑橘产业提质增效、红色文化产业大力发展、生态管控与休闲利用为主的产业振兴路径,融合地域民俗文化、人才资源和人文精神,实现人才、文化和组织振兴。优化保护格局,实现生态环境保护下人居环境和"山水林田河鱼人"的和谐共生振兴愿望。

4. 因地制宜,强化规划可实施。

通过盘活利用闲置地置换新增建设用地指标、活化利用村民老宅,解决公共设施空间、产业发展用地和百姓建房用地需求,引导村民向现状居民点集聚。落实老年活动中心、红色文化展陈体验场所、民俗体验场所、生态环境科普科研场所、村庄公共活动空间、产业配套设施、停车场、公厕和旅游服务设施用地解决方案。制定房屋整治和风貌建设方案,采用本地传统营建手法、就地取材,充分利用马蹄纹灰岩及砖瓦、木柴、农具等废弃物或老物件、本土植物装饰闲置房屋、打造节点景观、美化庭院等。结合地貌和村庄分布特点,分户制定污水、饮水、牲畜、厕所、房屋功能等方面的建设指引方案。

村民版成果

1. 村域综合规划图及近期重点项目表。

按照村庄规划制图规范要求,综合规划图中显示生态保护红线、永久基本农田、村庄建设边界和宅基地范围。再对具体规划的建筑、空间、设施等进行对应引注,以便直观了解具体位置规划内容,并有针对性地在规划项目表中注明项目名称、规模、性质、实施期限和有关说明;并将建筑风貌和人居环境改造对比图进行图示。

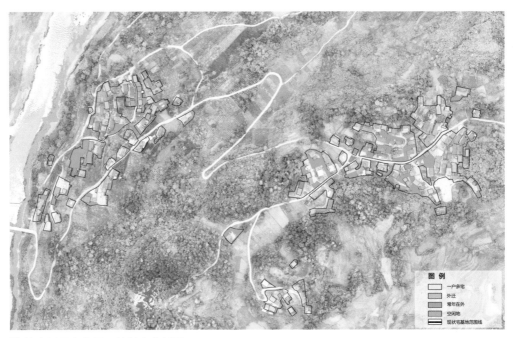

⌃ 村庄居民点存量用地潜力分析图

⌃ 闲置老宅改造为老年活动中心示意图

⌃ 红军街改造示意图

⌃ 闲置老宅改造为乡村食堂示意图

2. 自然村（组）用地布局规划图。

规划图首先清晰标注建设用地管控边界，在用地中标注公共设施具体位置、区位并设置对应图例便于对照查阅。明确地块管控内容，涉及边界说明、地块用途性质、建设管控的具体要求。同时在组内用地中拟实施的项目也以项目表的形式进行统一表述。

3. 村庄规划管理公约。

规划编制单位与镇人民政府、村委、部分村民代表以及县自然资源局驻村规划师共同拟定了该村村庄规划管理公约，并将规划内容纳入村规民约。

近期建设项目

近期建设项目涉及"十大工程"，52 项清单，覆盖产业振兴、人才振兴、文化振兴、生态振兴、组织振兴"五大振兴"方面。

村庄建设类：实施"五提升"工程，围绕补齐村庄基础设施、促进公共服务设施均等配置、完善人居环境整治、宜居农房建设等方面实施 32 个项目。

产业发展类：围绕高标准农田、精品水果提质增效及果园标准化建设、"生态稻＋"基地等，在发展壮大主导产业、促进一产三产融合发展、增强产业发展基础配套能力等方面实施 16 个项目。

乡村治理类：围绕提升群众自身发展动力的"乡村振兴合伙人"，增强村级党建引领能力，实施党建强村、村集体经济提升、智慧乡村建设等 4 个项目。

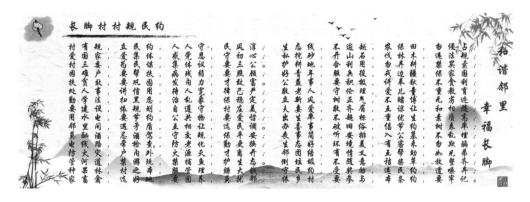

⌃ 长脚村村规民约

实施成效

　　群众主动投劳投物出地参与村庄建设，投工 4000 多个（折资 200 多万元）、出土地 100 亩以上（折资 420 万元以上）、自筹资金 10 万元。目前已完成宜居农房改造 59 户、闲置房屋功能置换 3 栋、闲置宅基地复垦及再利用 4 处、产业道路建设 6.8 千米、庭院微改造 145 处。完成入口景观、游览步道、红军街、公共空间、柑橘优新品种新种植、无人超市、卫生室、公共活动室、部分污水处理设施等项目建设。

︿举办柑橘采摘节

⌃ 农房外立面和庭院改造项目实施效果

⌃ 入口景观改造项目实施效果

 农房外立面和庭院改造项目实施效果

驻村规划师的收获与感悟

1.当好"三员"，备好功课，履行好规划师的职责。

当好"沟通员"，入乡随俗，精准掌握村民需求。作为本试点的驻村规划师，我主动与村庄规划编制单位沟通，及时告知上位规划编制进展情况，并提供资料和基础数据。全程参与入户走访、调研座谈、了解村民意愿和需求、宜居农房改造入户摸底工作。做好村民与编制单位、编制单位与政府之间的沟通，做好自然资源政策宣传和普及工作。

当好"解释员"，换位思考，尊重规划成果。与设计人员现场核对村庄规划中的规划位置、效果图等，并将设计图和效果图与整村的风貌统筹结合。遇到设计违背规划原则的，采取迂回解释方法，从不同角度出发，说服设计和施工单位换设计换理念，确保村庄建设与村庄规划成果相符。

当好"执行员"，守住底线，指导村庄建设。充分做好日常自然资源管理相关政策的宣传和指导，确保用地合法合规。一是将柏村镇产生的结余指标布局在试点范围内，需新占地3000平方米，项目均由村集体实施，解决了公共设施的用地问题。二是对已规划未实施的产业路、房屋腾退和集中建房等，全部根据最新的土地用途管制要求，在"三区三线"中应保尽保，在实施前落实好耕地"进出平衡"和"占补平衡"。

2.成果丰富，效果显著，受益面广。

村民用地意识不断提升，村容村貌不断改善。村民和村干部对整个村庄规划的过程和成果都高度认可，村民们主动将自己的柑橘地无偿腾退建成生态停车场。村民合法用地意识提高了，懂得要用地，先申请，有了"手续"，才开始建设；看到宜居农房改造将自己的房子焕然一新，在村干部带头下，主动参与房前屋后环境整治；自发利用废弃的老物件、砖瓦，配合本土工匠将"三园"围合起来，分块种植和管理。

规划执行意识强化，村庄建设逐步走向规范。本次规划充分尊重民意，充分体现了各层级的意见建议，作为法定规划，任何建设活动都必须符合规划成果。从项目决策到实施，从新建房屋到旧房改造，所有建设的参与者都知道以规划成果为指导，尊重规划，执行规划。

规划试点推广性强，样板效应突显。按照"产业兴、生态美、乡风好、治理优、百姓富"的总目标，联江组以柑橘为主导产业、红色背景为文化底蕴，结合宜居农房改造、人居环境整治、村庄布局优化、村庄风貌统一来改造新农村、打造新农村，坚持农房村民住，农村农民管，以点带面，有序推广，整体提升农民法治意识、自治意识、规划意识和监督意识。

3.持续推进，紧跟村庄需求，助推乡村振兴。

"多规合一"的村庄规划不只是简单的规划和设计，需要的专业知识涵盖了房屋、景观、工程、土地管理等方面，还需要多元化的规划复合型人才。作为驻村规划师，我参与了村庄建设全过程。我们建议以县或编制单位为一个驻村规划团队，集结各种规划、设计和施工专业人才，分时段分专业派驻不同的专业队伍和人才，更好地服务村庄规划和村庄建设，助推乡村振兴。

驻村规划，不只是一种制度的实行，也应该是每个规划人懂得真诚沟通的重要性、真正理解现代化新农村新需求、融入新农村建设和新农村守护的职责与责任。专业知识可以积累，但积极的工作态度和用知识储备武装起来的工作底线是作为一个驻村规划师最基本的职业素养。

亮点特色

1.地籍调查、房地一体、农村土地确权、耕地质量地球化学调查、旅游资源普查、三维倾斜摄影及地形测量等多种数据、资料、学科、技术综合运用。

2.结合实地调查，建立乡土建筑材料和工艺清单、乡土植物清单、乡村工匠和乡贤人才库。

3.从规划任务、村庄家底、村民诉求、规划怎么做、产业怎么兴、村庄怎么治、空间怎么管、如何可持续、乡村怎么旺、落实怎么干十个方面创新规划文本结构。

4.结合村庄地形高差大、河谷斜坡地貌特征，因地制宜整治村庄人居环境；盘活存量用地和活化利用村民老宅、房屋、土地等闲置资产（资源）解决发展用地及配套设施建设需求。

△ 农房外立面及庭院环境改造示意图

5. 在严格落实生态保护前提下，突破限制因素，找到生态保护优先、产业区域联动、红色文化传承的村庄产业发展路径。

6. 重点推进农田和村寨整治，实现耕地保护数量不减少、质量不降低，建设用地增存平衡的目标。

7. 从乡村建设空间管控向国土空间全域全要素管控转变，采取以"全域全要素管控总图＋管控单元图则"的详细规划管控形式，形成对要素管控的全覆盖。

经验启示

村庄规划虽然范围小、层级低，但正是这个原因，规划最贴近百姓的生产生活，问题和诉求最具体。作为上级国土空间规划具体实施的最小单元，管控精度更精确。因此村庄规划需充分体现村民意愿，详细分析村庄现状，合理确定每块土地的功能。同时，规划的编制和管理需要上下行政协同、部门联动配合。

村庄各具其美，拥有不同的地形地貌、人文精神、资源禀赋、土地结构、产业基础等。村庄也有与之相对的各种潜力，因地制宜细化分析，一定程度上是能找到就地解决村庄发展所需要的物质要素方案的。

专家推荐语

务川县柏村镇长脚村依山面水，具有典型的河谷 - 山地特征，村庄地形高差大，用地较为破碎，具有贵州山区村庄的普遍性。规划围绕村庄自然景观、红色文化、民族特色、生物资源和产业基础，与驻村规划师密切配合，因地制宜、脚踏实地开展多形式的驻村工作，按照"整体策划＋全域规划＋重点设计"的思路，以解决村民迫切关心的二十条问题需求为导向，形成规划十问的通俗化文本结构，规划层次清晰，成果表达规范。

规划采用土壤地球化学分析、三维倾斜摄影等多技术手段综合运用，建立本地植被、建设材料、乡贤人才库，形成多数据、多资料、多学科的融合编制方法，具有一定的推广价值。规划在严守耕地和永久基本农田保护管控的基础上，强化与特色鱼类国家级保护区、洪渡河风景名胜区等重点生态功能区的管控和保护相衔接，依托生态产业转型发展推动村庄—景区—生态保护区的协同保护和持续发展。规划形成地块管控图则，明确建设管控核心指标和要求，以细化引导和保障村民建设需求，在减量发展的原则下推动村庄闲置资产资源再利用，实现红色文化的衍生和落脚，有一定的示范意义。

规划以长脚村联江组特色田园乡村示范试点创建为抓手，对村庄全域协调统筹考虑不足，建议完善其他自然村组规划布局，加强对当地民族特色的挖掘和传承，强化实施阶段的风貌建设管控。

威宁县板底乡曙光村三家寨

特色田园乡村·乡村振兴集成示范试点村庄规划

◆ 贵州大学勘察设计研究院有限责任公司

基本情况

板底乡位于威宁彝族回族苗族自治县（简称"威宁县"）县城东北部。曙光村位于板底乡西北部，距县城 37 千米，距离乡政府 7 千米。

村辖 9 个村民组，村域户籍人口共 552 户 2634 人，劳动力外出务工者占总人口的 40%。试点村庄九组（三家寨）户籍人口共 103 户 534 人，96% 为彝族，规划面积 291.32 公顷。

曙光村是典型的喀斯特地貌区，村西部与百草坪相连，最高海拔 2820 米，高山立体气候特征明显，地表水资源较为欠缺，但雨水充足。

村域现状国土面积 1585.44 公顷，耕地面积 573.16 公顷，永久基本农田面积 540.75 公顷，生态保护红线面积 305.85 公顷，建设用地面积 51.51 公顷（含村庄用地 19.17 公顷、农业设施建设用地 17.21 公顷、其他建设用地 15.13 公顷）。

拥有"撮泰吉"（国家级）、千人铃铛舞、酒礼舞、撒麻舞、点荞舞、阿西里西、彝族年、火把节等非物质文化遗产。

比较优势

一是威宁黄牛独具特色。曙光村村民世代养牛，威宁牛已被收录《中国畜禽遗传资源志》和《贵州省畜禽品种志》中。二是天然草场得天独厚。牧乡百草坪是我国南方最大的天然草场和西南重要的畜牧基地，高原及牧场风貌特征突出。三是高山蔬菜独具优势。威宁日照充足、年温差小、降雨集中，是"喜凉蔬菜"最适合生长的地区，其生产的蔬菜口感优良，品质突出，深受国内外广大消费者喜爱。四是彝族文化璀璨久远，民族特征突出。最具代表性的"撮泰吉"是国家级非物质文化遗产。五是休闲农业蓄势待发。曙光村紧邻的农牧游览胜地百草坪和雄鹰村云上花海荞花观赏园，吸引了全国各地的游客和摄影爱好者参观、摄影和创作。六是干群村民团结和谐。曙光村三家寨民风淳朴，干群村民团结和谐、内生动力强。

存在的问题

一是主导产业待聚焦，产业小而零乱。种植业有玉米、马铃薯、苦荞和莲花白等，养殖业主要有猪、羊、马、家禽、蜜蜂等，年产值不足 100 万元，主导产业不聚焦，特色不明显。二是农户收入待提高。蔬菜、玉米和荞麦等作物种植模式单一，产量较低，品质不高，畜禽养殖方式粗放，种植业和养殖业小而弱，产业链短，产业融合度不高，整体收益低。三是生态修复待加强。村庄用地属于典型的喀斯特地貌，覆土层薄、水土流失、岩石裸露，土壤质量提升及水土保持的生态保护修复和国土综合整治有待加强。四是民俗文化待挖掘。村庄风貌及景观要素未体现出彝族民族文化特点，缺少可供村民举行民族民俗节庆活动的场所，彝族文化及图腾要素等挖掘不足，缺少文化传播窗口，彝族文化对经济发展的影响力不够。五是基础设施待完善。村庄亮化、排污、垃圾收集、消防等基础设施薄弱，已有设施质量风貌不佳，维护较差；村庄农用地水利设施建设滞后，产业水、产业路、产业电等方面的基础设施亟待改进完善，灌溉设施、农产品商品化处理设施配套不足。六是科技支撑待提升。种植业品种单一，耕地质量不高，新技术应用不够，肉牛饲养方式传统，精粗饲料搭配不合理。七是农村活力不足。活力不足，公共服务短缺，人口空心化突出，缺乏经营主体带动，集体经济不强。

村庄印象

思路方法

坚持问题为导向，集中村庄发展优势，提出符合实际的发展定位目标和五项振兴详细发展策略。优化村庄布局，统筹合理安排资源，补齐设施短板，对全域空间要素进行统筹安排。坚持"多规合一，统筹规划；突出风貌，重点设计；生态优先，彰显特色；村民主体，共同缔造"原则，以实现"生态优、村庄美、产业特、农民富、集体强、乡风好"为目标展开规划编制。

编制过程

1. 试点准备阶段：2021 年 3 月，中共贵州省委一号文件《关于全面推进乡村振兴加快农业农村现代化的实施意见》发布，提出要重点打造一批特色田园乡村示范

△ 曙光村百草坪牧场风光

⚲ 且乡镇座谈会　　　　　　　　⚲ 村民代表大会

试点，曙光村是 78 个候选试点之一。2021 年 4 月 30 日，全省特色田园乡村·乡村振兴集成示范试点建设工作部署电视电话会议在贵阳召开，会议安排了规划编制工作及培训。

2. 方案制定阶段：2021 年 5 月—7 月中旬，参加规划培训、县乡镇座谈会、村委座谈会，展开实地调研，举行村民代表大会，规划团队驻村编制规划初稿，规划初稿征集村民意见，参加县级方案初稿评审会，反馈市级审查意见，修改规划成果。

3. 规划审批阶段：2021 年 7 月 14 日，规划方案通过贵州省乡村振兴局组织的专家评审会，曙光村入选 50 个第一批省级特色田园乡村·乡村振兴集成示范试点村之一。

目标定位

规划以"千年彝乡·牧歌曙光"为村落名片，建设千年彝族文化传扬地，实现"生态优""村庄美""产业特""集体强""农民富""乡风好"六个基本目标和以下三个特色目标：

目标一：打造"贵州省特色田园乡村·乡村振兴集成示范"标杆。

目标二：建成以党建引领和党员为核心的"三级自治"乡村社会治理范本。

目标三：建设小而精和特而美的"一村一品"示范村典型。

示范效应：为贵州省广大普通村庄做出乡村振兴的先行示范作用，实现巩固脱贫成果的示范、产业持续发展的示范、西部乡村振兴的示范。

规划理念

以党建为引领，形成以党员为核心的曙光村"三级自治"管理和经济发展体系。利用村庄的威宁黄牛、高山蔬菜、天然草场、彝族文化、休闲农业等方面的优势，精准定位发展蔬菜产业和草食畜牧业主导产业，形成粮草兼顾、农牧结合、循环发展的新型种养结构，促进种植业和养殖业有效配套衔接，延长产业链，提升产业素质，农文旅融合提高综合效益，最终建成板底乡曙光村特色田园乡村·乡村振兴集成示范试点。

立足乡村发展实际，立足地方特色资源，围绕高山高原蔬菜和威宁黄牛养殖产业，依托璀璨的彝族文化，一二三产业融合发展，充分汲取群众想法，激活乡村发展动力，采取一系列过硬措施攻坚克难。深刻理解"特色""田园"和"乡村"内涵，紧紧围绕"五大振兴"，以"生态优、村庄美、产业特、农民富、集体强、乡风好"为最终目标要求，探索出一条适合贵州山区广大农村可推广、可借鉴的乡村振兴有效之路。

主要内容

1. 规划编制围绕"生态优"：严守生态保护红线底线，对国土空间用地布局、生态保护修复和国土综合整治进行系统性规划。

2. 详细设计凸显"村庄美"：依托村庄整体风貌定位，因地制宜突出地方特色，编制山水田园环境、重要空间节点和建筑景观小品等设计方案，全面支撑实施建设。尽量结合利用现有闲置农房、场坝、庭间菜园等进行利用改造、规划设计，不大拆大建。

3. 产业规划彰显"产业特"：利用村庄的威宁黄牛、高山蔬菜、天然草场、彝族文化、休闲农业等方面的优势，精准定位发展蔬菜产业和威宁黄牛主导产业，形成粮草兼顾、农牧结合、循环发展的新型种养结构。

4. 组织意识引领"集体强"：构建"三级自治+党员治理"的治理模式，促进人才、组织振兴和"集体强"。

5.村规文明树立"乡风好"：开展孝老爱亲、道德风尚、创业致富标兵、最美家庭、最美庭院等评比活动。实现生活积极健康、乡风文明。

村民版成果

1.规划引导。

设计"一图一表一说明"加"双语手册"的村民版村庄规划成果，让村民版村庄规划更加有效地为村民服务。开展庭院美化评比活动，动员村民全员参与，实现庭院整洁美观率100%。

2.管控规则。

村内有540.75公顷永久基本农田。严格按照相关法律法规对永久基本农田进行保护和利用；坚决遏制"非农化"，严格控制"非粮化"。

村内有305.85公顷的生态保护红线，根据相关法律法规控制人类活动。

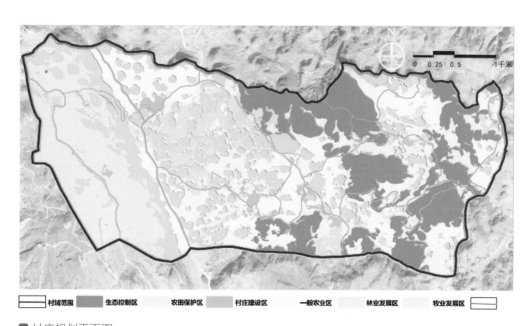

村域范围　生态控制区　农田保护区　村庄建设区　一般农业区　林业发展区　牧业发展区

∧村庄规划平面图

3. 农村住房建设标准。

农村住宅原则上不超过 3 层，底层层高原则上不超过 3.6 米，标准层层高原则上不超过 3.3 米，每户建筑面积应控制在 320 平方米以内，可采取独栋、联排建筑的方式建设。

房屋内部各个房间的功能完善、设施配套、厨卧分离等，布局合理。房屋外部要干净美观，提升居住质量。要突出地域特点、民族特色、文化特征，建筑风貌体现彝族特点。

4. 文化保护与传承。

保护并活态传承国家级非物质文化遗产"撮泰吉"、彝数民族风俗节庆活动、特色彝族美食、千人铃铛舞、酒礼舞、撒麻舞、点荞舞、阿西里西、彝族年、火把节等。

近期建设项目

规划近期至 2025 年，共涉及 33 个项目（其中，产业发展 14 项、生态修复 2 项、村庄建设公共空间及公共服务设施 5 项、人居环境提升 2 项、村庄基础设施 6

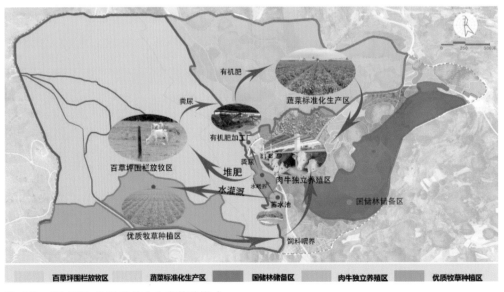

︿ "牛-菜（草）"种养结合生态养殖模式

项、人才建设 1 项、乡风文明 1 项、文化建设 1 项、党的基层组织建设 1 项）。

实施步骤：计划在 2021 年年底，根据审定方案完善相关手续并全力推动实施；2022 年到 2023 年，形成阶段性成果；2024 年到 2025 年，总结提炼做法，形成可复制、可借鉴的经验典型。

实施成效

1. 特色产业得到培育。将牲畜养殖布局到村外，建立肉牛规范化集中养殖小区，实现集体经营。建立村内产业道路，连接高效牧草基地，实现村内高效牧草产业发展。

2. 党建组织得到建立。实行"党支部＋企业＋合作社＋农户"模式，建成以党建引领和党员为核心的"三级自治"乡村社会治理范本。曙光村有股份经济合作社 1 个、9 个村民组、11 个自治管理委员会，人均可支配收入 2023 年可达到 1.5 万元，2025 年可达到 1.9 万元。

3. 生态宜居建设有成效。人居环境整治方面初显成效，通过"政府主导、村为主体、群众参与"的工作思路，全力打造曙光村人居环境整治示范点，着力解决村庄环境脏、乱、差等问题，村内垃圾乱堆乱放、污水乱倒等现象明显减少，村容村貌得到很大提升，展现出农村新面貌。

驻村规划师的收获与感悟

积极发动村民参与规划，在村支两委的支持下积极组织村民代表大会，利用村民版规划向村民宣讲国土空间"三线"管控要求，绘制汉彝双语村民庭院美化手册指导村民自主美化庭院，将文字简化为表情符号辅助村民理解设计意图。

︿ 肉牛规范化集中养殖小区实施前

︿ 肉牛规范化集中养殖小区实施后

︿ 九组至百草坪放牧便道改造提升前

︿ 九组至百草坪放牧便道改造提升后

多渠道征集村民意见，召开村民代表大会、发放村民调查问卷、入户摸底调研、村委沟通交流、驻村编制规划，累计发放 60 份调查问卷、入户走访 103 户，最终形成有效村民意见 45 条，整理总结并在规划中进行落实，具体意愿如下：人畜分离，设独立养殖区；改造提升养殖区至百草坪的放牧便道，修整提升现状宽度；提升养殖及种植技术；提升人居环境及完善基础设施；增加农业收入，丰富文化活动。

亮点特色

1. 落实"两个优先"，直击"现实痛点"。积极探索村庄层面生态保护修复与国土综合整治的"新"路径。在全面落实国土空间规划"生态优先、安全优先"两大原则的基础上，提炼出曙光村面临的 12 个现实痛点。

2. 助推"人畜分离"，盘活"资源优势"。围绕"人畜分离"的目标构建集约牛、菜、草、游"四位一体"的产业振兴"新"方法。创新性地提出了"牛 - 菜（草）"种养结合的生态养殖新方法，强化尾菜资源化利用，以草定牧。

3. 培育"乡土情怀"，倡导"自主美化"。挖掘集成彝族文化空间识别、营建及管控的曙光村"新"风貌。以培育"乡土情怀"为目标，分级营建文化建筑，强调低成本、易实施，调动村民"自主美化"的积极性。

4. 组织"地方团队"，突出"三级自治"。夯实党建引领下乡风文明、村民自治相耦合的组织振兴"新"模式。组织"最美乡长""撮泰吉传承人队伍""能工巧匠队伍""曙光党员队伍"等地方团队。

5. 补齐"设施短板"，普及"公约手册"。精心设计低扰动性改造和多群众性决策相结合的汉彝双语"新"画册。

经验启示

1. 围绕"党建 + 产业 + 实践"推动形成"1+N"模式，校地合作服务地方乡村振兴。贵州大学多学科专家协同支持，多学科联动，参照"解剖麻雀"的精细特征和研究精神，把乡村建设问题研究得更深入。学科融合，形成"村庄规划师 + 产业指导员"模式,聚力突破村庄建设和产业发展"两层皮"问题。在村庄规划中,2 名充分了解村庄特色产业背景的城乡规划专业领衔人,双向统筹建筑学、环境工程、农学、畜牧兽医、民族学等 10 余个专业领域,带动 N 名大学生参与,形成专业集群式劳动实践团队。

2."三级自治+公约手册"双管齐下,夯实党建引领、多群众性决策相耦合的乡村建设模式。依据彝族村庄宗亲治理特点,规划确定了党建引领下村庄"自管委"的村级党组织"评星管理"办法和农村党员"积分管理"制度,由此进一步突出"村委会+自管委+十户一体"的村级"三级自治"体系。设计汉彝双语的村民画册,体现规划决策的群众性。

▲ "三级自治 + 党员治理"架构图

∧ 汉、彝双语村民庭院美化手册

专家推荐语

　　曙光村，恰如其名，宛如黎明划破乌蒙山区薄雾的一道初升的阳光，鲜亮而明快地关照着世世代代生活在这里的彝族同胞。曙光村所在板底乡气候寒冷，海拔较高，山峦起伏，云雾缭绕，生存条件相对较差，这里的彝族也有着丰富的历史文化和民俗文化传统。

　　做有特色、接地气的村庄规划。这是曙光村三家寨特色田园乡村·乡村振兴集成示范试点村庄规划的编制初衷和朴实追求。规划严格落实各类保护要求，建设用地不占用生态保护红线、高原草甸、耕地和永久基本农田。村庄规划注重引导集约节约使用土地，建设用地主要集中在三家寨。曙光村具有一定的养殖业基础，村庄规划实施后，养殖黄牛存栏量有所增加，通过"集中建圈，分人散养"的方式，建成了存栏量达 400 头的养牛场和肉牛养殖专业合作社，并通过规划的专用牧道与百草坪牧场进行连接，形成了养殖业的规模化发展，同时依托当地特色发展了高山蔬菜种植、滑草滑雪、赛马场等旅游产业项目。规划实施较好地改善了村寨人居环境和生活条件，对通组串户路进行规划理顺打通和硬化；为解决村民住宅厕所改造困难的问题，村内配建了4个公厕供村民使用；配置了幼儿园、图书室、文化活动室、民族文化活动广场等设施，提供彝族"撮泰吉"的场所，探索文化自我传承的机制。对村容村貌、农房立面进行了具有彝族民族特色的装饰改造，对庭院进行了因地制宜、就地取材的美化，村民在村庄规划实施、生活环境改善的过程中切切实实得到了实惠。

做村民读得懂的村庄规划。这是曙光村村庄规划的一大亮点和有益探索。编制团队利用大学生规划专业特长和美术基础，专门制作了彝语版的手绘规划实施手册，指导彝族村民用格桑花、杜鹃花装饰庭院，用柳条、树藤编织篱笆，用当地石材、稻草装饰墙体，院坝变漂亮了，村庄规划变得有温度了。

当然，曙光村环境卫生条件和基础设施条件总体仍然比较落后，村庄人居环境持续改善、特色产业和文化可持续发展仍然任重而道远。愿来年村寨的每个院落在曙光中都开满美丽的格桑花，我们拭目以待！

台江县施洞镇偏寨村

红色美丽村庄试点建设村庄规划

◆ 贵州省建筑设计研究院有限责任公司

基本情况

偏寨村位于台江县施洞镇，清水江河畔，距施洞镇人民政府驻地仅 2.7 千米，交通便利。全村总计 2095 人 468 户；村域面积 877.19 公顷，耕地面积 70.35 公顷，永久基本农田面积 32.74 公顷，生态保护红线面积 439.88 公顷，城镇建设用地 23.43 公顷，村庄建设用地 18.11 公顷；全村以一、三类产业为主；村内无地质灾害隐患点。

为落实中组部、财政部开展的推动红色村组织振兴建设红色美丽村庄试点工作，以及"十四五"开年衔接与巩固贵州省乡村地区脱贫攻坚成果，偏寨村入选贵州省第一批 23 个红色美丽村庄试点村庄之一，是 2021 年度贵州省红色美丽村庄规划编制工作的代表村之一。

比较优势

偏寨村是红军"长征入黔，转折前夜"重要见证之地。村内现存的省级文物保护单位"中央军委纵队驻地旧址"正是毛泽东同志度过 41 岁生日的地方。同时，偏寨村是国家非物质文化遗产苗族姊妹节的发源地、国家非物质文化遗产独木龙舟节节庆地之一，是国家级、省级、市 / 州级、县级非物质文化遗产传承人的聚集地。作为国家级非物质文化遗产"苗族银饰锻造技艺"代表性传承人吴水根同志的家乡，村内拥有各级非物质文化遗产传承人称号的乡贤能人总计 32 人，以银饰锻造、苗族刺绣为代表的民族工匠逾百人，是贵州省乡村地区以少数民族特色手工艺品加工制造为核心产业的代表村之一。

存在的问题

通过设计团队编制的《偏寨村村内座谈与现场调研方案》，与村民代表、乡贤能人共绘"我心中的家乡蓝图"等，确切落实村民意愿，真正把工作做到村民家里去。为期 8 个月的编制期间，以每周不少于一次的频率到访项目现场，深入了解村民所需所愿。其间共召开村民会议 16 次，征求意见约 500 人次，收集村民意见 20

⌃ 偏寨村的山水格局与村寨现状

余条。

1. 村民的主要诉求。资源方面，希望村庄规划与设计把"红"与"特"联合起来；宜居方面，希望加强村级公共服务与文化设施建设，如篮球场、文化活动室、停车场建设等；产业方面，通过"双省级试点"契机，把红色旅游、民族文化旅游做起来，激活已挂牌的服务点。

2. 村庄面临的主要问题。村庄定位不清晰，村庄发展未能较好地融合村庄特色资源，缺少核心竞争力；产业发展基础好，但动力不足；文物保护范围亟待划定；农房安置待解决，部分现有农房与整体风貌不符；姊妹广场景观过于城市化；公厕被废弃、旅游服务中心被闲置等。

思路方法

以"乡贤能人领衔＋建立村民自治单元＋闲置资产盘活与利用＋镇村联动发

△ 台江姊妹节欢庆场景

△ 中央军委纵队驻地旧址

△ 偏寨村特色代表与优质资源

展"为抓手，升级并完善产业结构体系，驱动村民内生动力，实现村内持续"自造血机制"。

1. 构建偏寨村的"乡贤能人"团队，培育乡村企业家队伍与家乡建设小能手；以民族特色手工技艺为核心，鼓励并推进农村创新创业发展；以建设宜居乡村为目标，打造具有乡村风貌特色的美丽家园。

2. 落实村民意愿，以挂牌的 12 个示范户为核心，升级村民自治体制，创建偏寨村九个"十户一体"村民自营单元，实现村民自治与乡村"微治理"模式升级，促进村民组团之间的良性竞争与合作、资源整合、抱团取暖，实现共同发展。

3. 紧抓村集体土地入市的大好契机，盘活闲置资产，结合村民新增建房需求，引导社会资本投入，减少政府财政压力，促进土地市场化与收益多元化。

4. 利用好"偏寨—施洞"优越的区位条件与联动发展关系，促进镇村"联规、联美、联动、联富、联建、联强"。

编制过程

2021 年 3 月，启动规划编制工作；于同年 11 月完成项目编制；落实"多规合一"思想，完成贵州省 2021 年度 23 个红色美丽村庄的先行示范村、贵州省 2021 年度省级特色田园乡村技术审查工作；2021 年 8 月至 9 月，完成村民公示并获得批复文件、提交技术成果文件；2021 年 10 月至 2022 年 5 月，对近期建设项目开展实施方案设计、实施与建设工作；按照规划近期实施的计划内容，目前已基本完成建设并投入使用，建设效果与规划贴切，符合当地特色与村民意愿。

⌃ 村民代表大会与规划设计方案现场汇报

⌃ 邀约村民代表共绘"我心中的家乡蓝图"

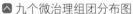

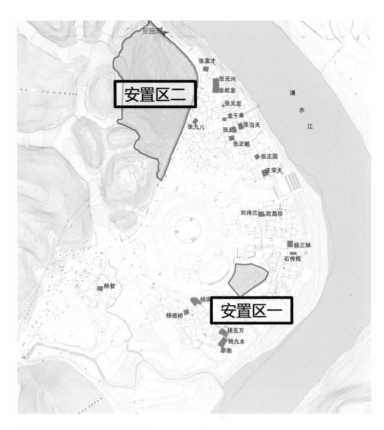

⌃九个微治理组团分布图   ⌃闲置资产与安置区范围

目标定位

创建中组部红色美丽示范村庄、贵州省党性教育基地，以及台江县民族风情乡村休闲旅游区。

结合偏寨村作为世界级苗族庆典"姊妹节"发源地的民族文化优势，以及红军转战台江期间流传的感人故事，以"红军与贵州少数民族的姊妹之情"的深刻内涵，打造"姊妹情深的美丽红色偏寨"。

规划理念

规划紧抓"一红两特"资源优势，整合村内闲置资产，以村集体经营性土地入市为核心策略，以"红色＋民族"双文化为抓手，构建"偏寨—施洞"镇村产业联动发展体系，着力发展红色研培、特色民族文化旅游产业，完善村民生活生产配套设施项目建设，塑造具有偏寨特色的乡村风貌。

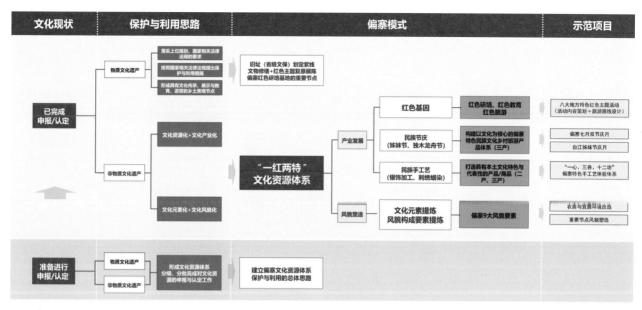

文化现状	保护与利用思路		偏寨模式			示范项目

△ 偏寨村"一红两特"文化资源体系构建与综合规划思路

紧密结合贵州省红色发展与乡村振兴发展机遇，多层次编制、广域空间协调，以生态优先、共同缔造为目标，力争形成有创新、可推广复制、强实施、有效果的规划模式。

保一产，强三产，联动施洞做二产 → 特色 产业
红色文化领衔，民族文化并重 → 特色 文化 → 偏寨差异化发展与特色产业振兴的关键

"一红 两特"

红色基因

▪ 以偏寨自然寨独具代表性的"一红两特"为基础，通过红色村组织振兴引领，结合"十户一体"基层管理与组织模式，大力发展以党建培训、红色教育、红色研学为主题的偏寨红色旅游。

特色节庆 ＋ 特色手工艺

▪ 将偏寨自然寨两大特色节庆（姊妹节、独木龙舟节），尤其是偏寨作为台江姊妹节发源地这一优势资源，联动施洞镇、挂挡台江县打造两个特色节庆月。

▪ 以吴水根等国家、州、县级非物质文化遗产传承人为民族品牌技术核心力量，联动施洞镇文化创意园，将偏寨作为施洞、台江特色民族手工艺的"前台"，以特色民族手工艺"前台示范户"为单位，结合特色民族文化观光与体验游，推动乡村旅游产业发展。

△ 偏寨村"一红两特"规划理念

主要内容

构建"区域—村域—村庄"三个规划层级。

规划紧扣《贵州省红色美丽村庄试点建设村庄规划设计方案编制导则（试行）》总体要求，落实《长征国家文化公园贵州重点建设区建设保护规划》以故事与红军之路串百村的发展思路。

1. 区域专项规划：保护并延续文化与资源的完整性，塑造偏寨差异化发展之路。

制定以"偏寨—施洞"为核心，联合红军行军沿线村落集群、台江县北部特色资源及景区景点，以旅游发展、红色传承、乡村振兴、风貌设计为目标的专项综合发展规划，联动剑河、施秉的资源，以破解台江北部片区红色资源的保护与开发利用难题，与现有优质旅游资源联动发展，整合与盘活存量资源。规划盘活闲置建设用地 21 处，面积 0.16 公顷，为区域发展注入新活力。

2. 村域规划：落实国土空间保护与利用的总体要求，做好村庄发展的综合部署。

偏寨村所属行政村（村名：岗党略村）区划范围即村域规划范围，符合《贵州省村庄规划编制技术指南（试行）》要求，衔接上位国土空间规划，对全村域空间各项要素进行综合统筹。

3. 村庄规划与设计：以落地实施为目标，对规划拟定的近期建设项目开展详细设计，落实各级资金在近期建设项目中的具体安排。

重点任务是按照项目资金计划，对规划范围内近期的建设项目开展具体设计与安排。该层级是对偏寨"一红两特"资源在风貌塑造、文化元素方面的具体应用。

实施成效

1. 建设情况与村民满意度。至 2022 年 5 月，按照规划近期实施的项目计划，目前已基本完成建设并投入使用，建设效果与规划较为贴切，符合当地特色与村民意愿。

2. 合作社的成立与收益。目前成立有岗党略村振兴股份经济专业合作社，采取"支部＋合作社＋基地＋农户"的运营模式，大力发展千亩林下养鸡产业，每年养

▲ 近期建设项目设计方案之一

鸡 6 万余羽，2022 年实现分红 16 万元。

3. 产业综合发展情况介绍。第一，结合偏寨村规划以"一红两特"引领产业的发展思路，大力发展乡村旅游产业。经统计，目前统计接待游客逾 5 万人，2022 年实现收入 10 余万元。第二，积极发展银饰刺绣产业，开发了小酒杯、马鞍等银饰产品和购物袋、钱包等刺绣产品，与中国农业银行台江支行签订特定产品生产协议，订单 5 万元，现有银饰刺绣微小企业 150 余家，年营业额达 4000 万元。第三，积极发展稻鱼生态农业，采用中国农科院新研发的谷种中浙优 8 号、宜乡优 2115号，平均亩产从 800 斤（1 斤即 500 克）提升至 1200 斤，全村种植水稻 910 亩，收割稻谷 109.2 万斤，组织农户销售优质稻 9.4 万斤，村集体在销售稻谷中收入 1.85万元，全村共饲养稻鱼 300 亩，平均亩产 55 斤，总产 1.65 万斤。

亮点特色与经验启示

1. 更深入的摸底，更坚持群众主体。

根据红村与省级特色田园乡村试点的规划建设要求，设计团队特编制《偏寨村村内座谈与现场调研方案》，该方案总计 14 个部分，可完整覆盖偏寨综合现状，确保调研摸底工作不落一项。编制工作开展初期，设计团队邀请村民代表与乡贤能人共绘"我心中的家乡蓝图"。村民绘制的建设内容，经反复研究，可确保 80% 以上的村民意愿得以落实并纳入近期实施计划中，确切落实全过程坚持群众主体、村民参与的主导思想。

2. 更直观的表达，更"接地气"的成果。

为了使规划成果更好地应用于偏寨村的建设与发展，设计团队努力探索更"接地气"的表达方式，以村民更容易接受的"要""不要"的表达方式，形成图文并茂的《偏寨村美丽家园规划建设通用图集》（以下简称《图集》）并纳入村规民约。这是关于偏寨村村民建设自己家园、乡村田园风貌的审美培育、家乡建设过程避错纠误的第一手册。

3. 更本位的设计，更乡土的建设。

结合上述《图集》中对村庄整体景观风貌塑造的导控要求，设计团队秉承"乡村要有乡村样"的原则，坚决摒弃"重金、重工搞园林"的思路，就地设计、就地取材，把田园菜地、瓜果蔬菜、野花野草、河滩石、废弃建筑材料，甚至是村民家

︿绣娘们在"妈妈制造"刺绣坊赶制订单绣品

中国农业银行定制的刺绣产品

村合作社成员正在包装刺绣产品

"姊妹森林／姊妹广场项目"改造效果展示

"村民文化活动中心改造项目"改造效果展示

"党群服务中心项目"改造效果展示

偏寨红村美丽村庄整体形象定位

偏寨村公共空间"乡村菜园项目"景观改造效果图

偏寨村公共空间"乡村菜园项目"景观改造效果图

"姊妹广场"景观改造效果图

"姊妹森林"景观改造效果图

中的老土盆、旧石槽等作为乡土景观塑造的元素与材料,力求还原乡土本味,真正把"特色、田园、乡村"落实到村庄风貌的建设中去。

4.更智囊的团队,更智慧的人才培育机制。

"四方团队＋四共模式",即由规划设计、组织管理、本土产业人才与企业家、乡贤与群众四类人群组成的"偏寨家园建设团队",是积极探索贵州省乡村地区"本土乡贤能人智库"建立与应用的团队。以"共谋""共建""共管""共营"的"四共"模式,实现村民家乡自己建、建设村庄为村民的目标。

而"偏寨乡村大讲堂"则是规划探索乡村地区人才就地培育的新机制,是台江县"十四五"乡村地区人才振兴发展的新途径;是贵州省乡村地区"本土乡贤能人智库"建立的积极探索。"上堂授课"的人才既可以是领导干部、专家讲师,也可以是村民中的产业能手、历史的讲述人,甚至可以是电商个体户、抖音高手、乡间民谣歌唱家等。目的是从村庄建设发展的各方面对村民开展技能培训、知识普及与文化培育,受益群体覆盖到每一个村民。

驻村规划师的收获与感悟

为确保规划理念的落实以及近期主要建设项目的实施,本项目采取由台江县自然资源局与设计单位共同组成的"1+1"驻村方式。在项目建设期间,我们积极协调各方工作,与村干部、县镇领导班子一起对项目在实施过程中存在的问题进行积极讨论、想办法、出主意。一年的时间,对于村庄建设而言是十分短暂的,家乡的建设来自每一位村民的参与,作为本项目的设计单位,我们对能参与偏寨村的建设感到幸运。同时,我们将该项目的全过程规划实施的经验,投入到不少同类型项目之中。我们将不断学习并提升自己的专业技术能力，不断积累经验，希望创造更好的成绩。

专家推荐语

岗党略村（偏寨）是红色美丽村庄试点及特色田园乡村集成示范点"双省级试点"村庄。岗党略村于 2013 年由原偏寨、塘坝两个自然村合并组成，包括塘坝、塘龙、偏寨、石家寨、杨家寨 5 个自然寨，辖 12 个村民小组。该村在红色文化和非物质文化遗产方面具有重要的地位，做好偏寨村村庄规划对传承红色文化和非物质文化遗产具有重要意义。

村庄规划推进已经基本完成，实施效果较好，可复制、可推广性较强。规划根据"区域—村域—村庄"三个规划层级，落实《长征国家文化公园贵州重点建设区建设保护规划》以故事与红军之路串百村的发展思路；紧密围绕偏寨"一红两特"的资源优势，以组织振兴为引领，以文化振兴为抓手，以产业振兴为目标，让岗党略村（偏寨）发展有红、更有特；以"乡贤能人领衔＋建立村民自营单元＋闲置资产盘活与利用＋镇村联动发展"为抓手，升级并完善产业结构体系，驱动村民内生动力，实现村内持续"自造血机制"。通过以村集体经营性土地入市为核心策略，整合村内闲置资产，着力发展红色研培与红色旅游、特色民族文化旅游，完善村民生活生产配套设施项目建设，塑造具有偏寨特色的乡村风貌。

建议一是进一步将岗党略村其他自然村寨纳入村庄规划范围，完善规划成果，融入更多苗族村寨的特色风貌元素；二是远期建设要与"三区三线"划定成果做好衔接，与永久基本农田、生态保护红线做到不交叉、不重叠；三是紧密围绕偏寨村的资源优势，发挥好非物质文化遗产传承人作用，带动产业发展，推动乡村振兴。

龙里县醒狮镇大岩村

特色田园乡村·乡村振兴集成示范试点村庄规划

◆ 贵阳市城乡规划设计研究院

基本情况

大岩村隶属龙里县醒狮镇，与贵阳市乌当区、南明区接壤，贵阳绕城高速穿村而过，距离北京东路延伸段仅 7 千米，地理优势显著，交通条件较好，受贵阳辐射影响较大。全村户籍人口 1078 人 334 户，村域面积 708.84 公顷，其中现状耕地 130.81 公顷，现状建设用地 21.39 公顷，涉及永久基本农田 126.30 公顷，不涉及生态保护红线，无自然灾害点。地貌以山地丘陵为主，古树成群，森林覆盖率高达80%，生态本底条件优越。大岩村根雕文化已具备很高的认可度，村庄布依文化气息浓厚，民族活动丰富，极具特色。村庄在党建引领下成立了"村社合一"形式的大岩村经济合作社模式。大岩村产业初具规模，有一定的产业基础，一产主要为特色草莓种植，二产为根雕加工售卖，三产为村民自主经营的农家乐。2002 年，大岩村被贵州省文化厅命名为"根雕艺术之乡"。2019 年 12 月 25 日，大岩村入选"第一批国家级森林乡村"名单，是极有文化和生态价值的特色保护类村庄。

比较优势

大岩村紧邻贵阳，区位交通条件优越；村庄古树众多，全年空气质量优良率达100%，自然生态条件良好；同时，村庄根艺文化独具特色，根艺产业已初具规模；村庄"村社合一"模式走在地区前列，党建引领突出，村民凝聚力较强。

存在的问题

规划通过征集村民意见，共收集了 19 条村民意见，采纳了 14 条。近年来，大岩村大力发展乡村旅游，已具备一定的旅游发展基础，但也存在一定的问题，主要集中在以下几点：村内交通未成体系，部分村寨交通联系不便；现状公共服务及基础设施存在分布不均或规模不足短板；村庄治理水平有待提升，地域文化民族特色挖掘不够；产业有一定基础，但产业融合度不高；部分土地资源处于闲置状态，未得到充分利用。

^ 大岩村现状航拍图

思路方法

1. 规划积极调动村民参与，进行就地规划。从问题导向出发，通过实地调研、现场走访、村民代表大会等形式，充分征集村民意见。村两委更是积极参与，在规划过程中与设计单位在现场进行就地规划，为规划献计献策，共同参与，充分体现村民的意愿。

2. 党建引领"村社合一"，挖掘提升村庄特色。大岩村党支部共有党员45名，在党建引领下成立了"村社合一"形式的大岩村股份经济合作社。形成以"公司主导＋村民入股""政府带头＋村民入股""农户自营＋合作社代销"为代表的"村社合一"模式。深度挖掘村庄特色，打好"森林生态""根雕技艺""民族文化"三张牌，与偏坡、永乐形成差异化联动发展态势，促进农旅一体，实现产业融合。

3. 集体经营性建设用地入市，激活村庄活力。借鉴湄潭经验，分别从入市经营方向、定组织明主体、定地块明权属、定途径明方式、定平台明市场、定分配明比例6个方面对大岩村集体经营性建设用地入市地块进行规划。充分征求镇、村发展意见，规划2处大岩村集体经营性建设用地入市。

△ 村民代表大会

△ 股东大会记录

△ 现场访问

编制过程

在编制过程中，规划组建"1+1"驻村规划师团队，分别由县自然资源局相关指导工作人员和编制单位相关项目负责人担任。在规划调研—编制—审批—实施的全过程中，驻村规划师全程参与，跟踪指导村庄发展，为村庄规划和乡村产业发展提供专业技术支撑，先后十余次进入村庄，及时解决试点建设工作中的困难和问题，严格执行规划设计内容，原则上试点村每动一草一木、一砖一瓦都需要驻村规划师协商、把关、确认。确保一个设计坚持到底，一张蓝图执行到底。

目标定位

规划以"森林意境，根艺大岩"为主题，创享"森"态意境，感受根艺魅力。将大岩打造为贵州省根艺文化传承基地、环贵阳经济圈乡村振兴新标杆、都市近郊乡村旅游目的地。规划依托大岩紧邻贵阳的交通区位优势，打好"森林生态""根雕技艺""民族文化"三张牌，与偏坡、永乐形成差异化联动发展态势，将大岩发展成为立足龙里、辐射贵阳、服务全省的近郊型农旅融合特色村庄，为类似的特色近郊型村庄探索出一条可复制、能推广的特色田园乡村引领示范新路子。

规划理念

扎根乡土：运用乡土材料、乡土工艺、乡土景观，突出乡村特色，彰显地域文化风格。

技艺大岩：传承根雕技艺，引入创意文化，营造艺术氛围，共创技艺乡村。

做大产业：活用森林、田园、艺术、文化等资源，实现一二三产业融合发展。

盘活大岩：探索宅基地出租、入股、有偿退出等方式盘活闲置房地资源。

主要内容

多要素统筹的全域土地综合整治：叠加分析大岩村全域三调用地、永久基本农田、林地、稳定耕地、粮食生产功能区和重要农产品生态保护区、生态保护红线等要素，对要素冲突区域进行分析，提出建设用地整治和农用地整治的土地整治规划方案。

多措施补齐村庄发展短板：统筹考虑村民新增建房需求、基础设施补短板需求、产业发展需求等因素，以需求为导向，分别对农村住房建设、道路交通、配套设施、产业发展等方面提出多种规划措施，在试点村寨中明确设施落点位置及用地规模。

因地制宜确定村庄发展格局：规划深度挖掘大岩村的根艺文化、布依文化、绘画艺术文化等文化因子，明确村庄的发展优势，分析当前区域及市场需求，规划形成"一核、一轴、四区、多节点"的功能结构。

集体经营性建设用地入市探索：充分研究湄潭集体经营性建设用地入市成功案例，结合大岩村的区位优势及产业发展类型，规划 2 处大岩村集体经营性土地入市，合计 2.52 公顷，使大岩村成为龙里县村庄探索集体经营性建设用地入市的先驱者。

村民版成果

1. 生态保护：本村范围内未涉及生态保护红线及上位生态保护修复项目。建议将渔洞峡水库及大岩古树群作为重点生态保护修复对象。不得进行破坏生态景观、污染环境的开发建设活动，做到慎砍树、禁挖山、不填湖。

2. 耕地保护：本村划定永久基本农田 126.30 公顷，任何单位和个人不得擅自占用或改变用途。未经批准，不得在园地、商品林及其他农用地进行非农建设活动，不得进行毁林开垦、采石、挖沙、采矿、取土等活动。应按规定要求建设设施和使用土地，不得擅自或变相将设施农用地用于其他非农建设，并采取措施防止破坏和

▲ 近期建设成效（一）

▲ 近期建设成效（二）

▲ 项目实拍图（一）

▲ 项目实拍图（二）

污染土壤耕作层。

3.建设空间管制：规划村庄建设用地边界规模为29.51公顷。其中，新增宅基地用地1.53公顷，规划每户建筑基底面积控制在170平方米以内，宅基地建设优先利用村内闲置存量用地。村内无规划公墓，公墓建议安置在山坡田坝。村民建房层数不超过3层，建筑高度不大于12米，统一采用深灰、浅灰、白色、棕色等色彩，村庄风貌力求整体统一。

近期建设项目

1.大岩村近期建设项目主要围绕产业发展、历史文化保护与风貌引导、环境景观、公共服务设施、基础设施五个方面进行建设。由县农业农村局、醒狮镇人民政府、县自然资源局、县乡村振兴局等多家单位部门联合推进，通过规划引领，近期建设取得了一定成效。

2.在资金支持上，用好试点建设专项资金，强化专项资金预算安排、使用规章制度、审计监督。整合各类涉农资金项目，集中用于建设，不增加镇村负担。争取金融支持，通过县城投公司整合资源，加强与金融机构的沟通协调，争取国家开发银行、农业发展银行等政策性银行对试点建设项目的信贷支持，创新融资方式，引导金融资本投入。拓宽融资渠道，通过信贷担保、贷款贴息、设立农业产业投资基金等方式，降低融资成本，解决农业企业融资难问题。激发村民主人翁意识，引导村民自筹资金参与建设，突出体现村民主体地位和主人翁意识。

实施成效

1.项目实施成效显著。通过本次规划，多个项目实施落地，其中秘境山坡寨、龙湖花海等项目已开始运营，为大岩村带来了旅游收入，特别是在新型冠状病毒感染疫情时期，节假日的项目运营仍接近饱和，规划在大岩村的发展中发挥了重要作用。

2. 村庄人居环境大力提升。通过本次规划，村庄建设发展得到有效管控，村内设施建设更加完善，乡村的农田、森林等资源得到了有效保护，村庄人居环境得到了明显改善。

3. 村庄吸引艺术家扎根乡村。本次规划吸引了一大批艺术家前来考察、观光，使村庄焕发了活力，且已吸引部分艺术家扎根大岩，采用租赁、交易房屋使用权等形式入驻大岩村，兴起了艺术民宿的风潮，为大岩的发展添加了新动力。

驻村规划师的收获与感悟

作为龙里县醒狮镇大岩村的"1+1"驻村规划师，我们见证了大岩村的蜕变。在规划工作开展初期，我和我们团队主要是通过走访、村民会议等形式，对村庄进行摸底，挖掘村庄的潜力和特色，同时找出村庄发展的瓶颈和问题所在。通过实地调查，和村委以及村庄能人代表相互了解、熟悉。在此过程中，村委班子和我们团队共同探讨和研究村庄发展，为实现规划的蓝图共同努力，方案也是在这个过程中逐步形成。在规划实施阶段，我和我们团队进入村庄十余次指导规划实施，与村民和施工团队共同努力，将蓝图真正描绘在大地上。通过规划引领，现在大岩村的村容村貌得到了提升，设施更加完善，村民也从村庄发展中受益，实现了物质空间和精神文明的双重改变。作为大岩村的驻村规划师，我为此感到无比自豪。

亮点特色

1. 严守底线，盘活存量，探索村庄集约发展新模式。规划严守永久基本农田与生态保护红线两条底线，在土地指标紧缺的情况下，集约节约利用土地，积极引导对存量用地进行盘活与建设。统筹全域要素开展土地综合整治，科学划定村庄建设边界，优化村庄功能布局，探索村庄集约发展新模式。

▲ 人居环境改善（一）

▲ 人居环境改善（二）

▲ 人居环境改善（三）

▲ 入市点效果示意图

2. 刚弹结合的村庄建设管控体系。规划村庄发展三条线体系，包括新增宅基地范围线、新增设施范围线、远期村庄发展引导线。其中新增宅基地范围线、新增设施范围线为刚性管控范围线，线内严格控制建设用地规模。通过"详细规划＋规划许可"的方式，对区内村庄建设活动进行有序管理，线外用地原则上禁止进行任何永久性建设行为。远期村庄发展引导线为弹性管控范围线，对远期村庄拓展方向做出引导。

3. "理论体系＋实际操作"的集体经营性建设用地入市探索与实践。通过研究国内集体经营性建设用地入市的理论体系、政策法规和先进实操案例，从 6 个方面阐述大岩村集体经营性建设用地入市策略。

经验启示

1. 勇于探索。充分研究湄潭集体经营性建设用地入市的案例，结合大岩区位优势及产业发展类型，规划 2 处大岩村集体经营性建设用地入市，分别为大岩上寨集体经营性建设用地和山坡小寨集体经营性建设用地，合计 2.52 公顷。并对本次入市探索主要做法做出经验总结，使大岩村成为龙里县村庄探索集体经营性建设用地入市的先驱者。

2. 提出符合时代的韧性智慧支撑体系。在补齐村庄现状基础设施及公共服务设施短板的基础上，切合产业发展需求，完善乡村产业孵化基地、创客中心、根艺文化一条街、大岩艺术之家等文旅产业促进类服务设施，引入智慧乡村理念，提出依托多元化数字平台打造沉浸式智慧乡村的目标。

贞丰县长田镇长田村

特色田园乡村·乡村振兴集成示范试点村庄规划

◆ 贵州大学勘察设计研究院有限责任公司

基本情况

　　长田村位于贵州省黔西南布依族苗族自治州贞丰县西部长田镇境内，距离长田镇集镇区以南不足 3 千米。村辖 16 个村民组（9 个自然村寨），共计 713 户 3208 人。长田村现有国土面积 898.56 公顷，耕地面积 412.39 公顷，永久基本农田面积 315.76 公顷，村庄建设用地 44.05 公顷，村内不涉及生态保护红线。长田村以茶产业作为主导产业，现种植面积达 5500 亩，是"长田绿茶省级高效农业示范园"的重要组成部分。

　　长田村属于贞丰县城镇体系规划中的特色农林、农特产品加工区。村庄分类为集聚提升类。长田村具有良好的自然生态资源及独具特色的布依族文化资源。

比较优势

　　1. 生态优：长田村日照时间长，雨量充沛，适合植物生长，现有平均年龄超 200 岁的各类名贵古树 21 株，同时村内山、水、林、田等生态资源要素富集。

　　2. 文化淳：长田布依族传统风情浓厚，有"三月三""六月六"等民族节日，独有"唢呐对决""山歌对唱""压礼对词"等民族欢庆仪式；更有历史活化石的"八音坐唱"风俗；具有布依族特色的蜡染、织布、刺绣、祭山、扫寨文化在长田村也延续较好；历史悠久的八三茶场、传承多年的手工茶技艺、传统村落石材建构文化、宗庙文化等更是长田村有别于其他布依村寨的特色文化。

　　3. 产业特：茶产业是长田的特色主导产业，长田村种茶历史比较悠久，围绕茶叶初步形成了种植培育、生产、加工、研发制作等系列产业链，并于 2020 年获得省级批复"长田绿茶高效农业示范园区"的荣誉。产品质量获得 SC 认证，现有州级龙头企业 1 个，茶叶加工小作坊 23 个，合作社 1 个。目前茶叶种植规模达 5500 亩，其中百年以上古茶树林有 500 多亩。

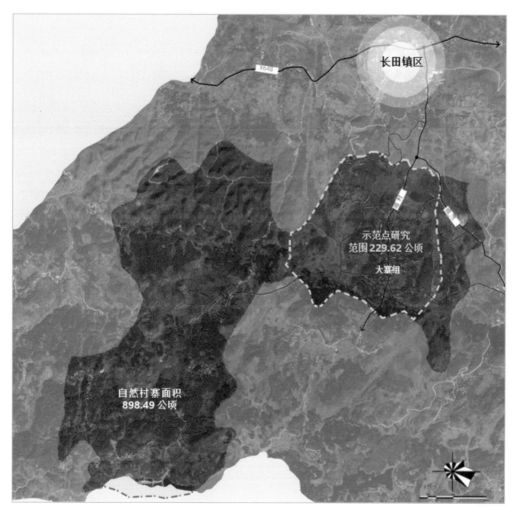

∧ 村庄区位图

存在问题

问题一：村民总体收入偏低，产业基础薄弱。村民希望不远离家门就能够就近就业，增加收入。

问题二：村庄风貌较为单一，污水及垃圾收集等方面的设施有待完善；青壮年多外出务工，人员外流，村庄缺乏活力。村庄的活动空间不够，分布不合理；部分公共设施缺失。

问题三：在产业发展方面，长田村有悠久的制茶历史，但限于市场要素限制，村民制茶工艺欠缺，茶叶加工产品缺少竞争力。

▲ 村民代表大会

▲ 企业座谈、访谈

▲ 制茶展示

▲ 编制规划

思路方法

1. 紧密结合国家政策，问题导向，多方合作。

近年来，国家对城乡一体化发展、乡村振兴提出了重要要求和给予了法律保障。长田村村庄规划紧密结合国家一系列空间规划的政策依据，在村庄规划层面落实相关要求，在村庄发展建设方面踏实推进，有针对性地解决乡村建设中的各种问题。

2. 立足自身优势资源，科学定位，重点突破。

规划对全域资源进行了调研盘点。立足土地资源的保护利用，生态环境保护利用，特色文化传承、特色产业的打造，合理构建村域层面的空间格局，优化"三生"空间。在统筹全域的基础上，规划从产业发展着手，构建茶产业基础，用产业振兴作为突破口，带动村庄全域的全面振兴。

3. 科学识别村庄文化基因，文化定桩，特色为魂。保护原有村庄肌理，挖掘和活化存量建设空间和存量用地。在充分尊重村民意愿的前提下，利用闲置房舍和废弃民居改造成新的公共活动、文化传承空间，增加绿化和村民的活动场地。

4. 尊重村民发展诉求，着眼细微，统筹落实。

重点解决产业发展的核心问题，增加村民收入。规划以项目作为抓手，逐个解决村庄公共服务配套不全，环境基础设施落后、缺失、分布不合理的问题；通过持续性建设管护，逐步解决村庄风貌不协调、管控措施执行不到位的问题。

编制过程

村民是规划编制的主体，规划需要准确、全面地收集村民意见。通过入户调研、发放调研问卷、对常年外出务工村民进行电话访谈等形式进行意见征求。做到了村民对规划编制的全面了解、全程参与和全体表决。分析问题，提出规划的思路及方法。听取部门及专家意见，及时反馈整理修改。以村民大会形式听取村民意见，编制村民版村庄规划。按照进度编制文件，参与省级评审。按照入库标准编制规划备案文件。

规划定位

规划结合长田村优美的茶叶示范园、古老的手工制茶和茶饮文化，优越的自然环境和丰富多样的民族民间文化，以"早春茶韵，新田园居"为主题定位。定位既要突显长田村独一无二的"高原山区早春茶"的特色主导产业，又能够体现当下人们渴望回归自然、回归田园的美好诉求。

规划理念

长田村的村庄规划理念，紧密围绕"五个振兴"的总体要求，按照"生态优、村庄美、产业特、农民富、集体强、乡风好"的总体目标，努力将长田村建设成为美丽富有、生态宜居、活力充沛的新时期特色田园乡村。

主要内容

（一）产业筑基，联动发展

产业振兴是乡村振兴的核心和基础，规划团队联合贵州大学茶学院进行了大量的市场研究分析，结合长田村悠久的茶文化历史，确定利用长田早春茶独一无二的市场比较优势，大力发展茶产业。

规划打造长田特色茶产业链条。在春茶的基础上研发开拓，形成产品类型丰富、产业链条健全、经济效益显著的多品种、多季节的产品格局。推动夯实茶产业基础，树立茶产业品牌，提高茶产业效益。实现特色产业由"特"转"精"、由"散"转"聚"、由"分"转"合"的升级。激发产业联动发展，初步形成以茶产业为特色的田园乡村。

⌃ 生态资源保护

⌃ 建筑文化资源传承

（二）生态修复，文化传承

规划始终秉承生态优先、环境优先的理念。依托长田村优良的原生自然环境，将村庄研究范围分为三个分区，即林地生态群落、田园栖息地、湿地生态群落，并对应不同的生态单元进行空间生态保护，逐渐修复和完善多层次的自然生态空间系统。

规划注重当地布依族传统文化的保护和传承利用，充分挖掘与当地气候条件、生活习惯、传统习俗相一致的建构空间文化，特别对以石木建筑为代表的乡土民居进行认真分解研究，重新建构营造，满足新时期乡村人居生活方式的转变需求。

（三）人居环境，品质营造

规划整合利用长田村优美的自然空间形态，在总体布局上充分尊重村庄的原生肌理，修复村庄腹地的生态保育湿地，形成村庄生态绿肺；活化村庄内部文化遗存资源，修复、改造部分民居，形成新的多功能建筑。

（四）存量盘活，集约土地

对村庄内部的闲置用地及闲置用房进行盘活。活化利用20余亩闲置用地，作为茶叶加工及村民活动场所。盘活10栋闲置用房，作为乡贤馆、老年活动中心、乡村民宿等。

村民版成果

（一）村庄用地情况

规划村庄面积898.56公顷，其中建设用地47.24公顷，新增3.19公顷，宅基地40.84公顷，新增0.19公顷。

（二）生态保护

村内不涉及生态保护红线，在村内林地、草地、水域等生态用地范围内，不得进行破坏生态景观、污染环境的开发建设活动，做到慎砍树、禁挖山、不填湖。

（二）耕地保护

稳定耕地：此类面积 299.57 公顷，以保护耕地、节约用地为原则，村庄选址尽量少用或不用耕地，结合农村建设用地合理归并，对老宅基、废弃地及时进行复垦。

一般耕地：村域范围内耕地面积 201.28 公顷，未经批准不得私自占用一般耕地。

（四）农村住房

村内现状划定宅基地 40.84 公顷。农村住宅原则上不超过 3 层，底层层高原则上不超过 3.6 米，标准层层高原则上不超过 3.3 米，每户建筑面积应控制在 320 平方米以内。

近期建设项目

从现状建设来看，大寨居民点的水、电、路、通信等方面的基础设施建设相对完善，基本的生活保障问题已经得到解决，居民点的建筑风貌部分进行过整改，公共服务设施配置较为齐全，但在垃圾收集处理、污水处理、绿化景观、文化设施、产业发展等方面还需进一步提升。

本次规划结合现状设施配建情况、村民发展诉求，重点围绕"五大振兴"对项目进行谋划，实现"产业兴旺、生态宜居、乡风文明、治理有效、生活富裕"总目标。规划项目总计 6 大类，分为人居环境治理、文化振兴、生态振兴、组织振兴、人才振兴、产业振兴等 6 大类，共计 37 项。

实施成效

（一）产业发展

长田村采用"龙头企业＋科研院校＋基地＋农户"的产业发展模式，目前已完成了以下工作。

1.建设了两条白茶生产线，开发夏秋茶。2022年，4家茶企业联合完成加工5万斤夏秋茶青。

2.成功推出了"贵山老白茶"品牌，充分发挥了示范点产业引领乡村振兴的示范作用。

贵州大学茶学院选取1902号茶叶陈列进贵州大学校史馆，记载了长田村特色田园乡村产业发展的历程。

3.建立长田茶叶发展联盟，将村内已有的2家茶叶加工厂、23名茶匠（茶叶加工作坊）、700余户茶农和15名茶叶经纪人纳入，并将省外知名的18名茶叶经销商

▲ 近期建设项目分布图

△ 布依传习所

△ 布依画廊

△ 古泉

纳入，实行统一标准、统一要求和共享品牌、共享渠道等，提升长田茶叶的质量和竞争力。

（二）人才培养

长田村规划建立了乡贤及乡土能人统计台账动态管理，发掘和培育致富能人及能工巧匠。

1. 贵州大学博士工作站。建立博士制茶坊，发展家庭茶叶制作工场 15 户。由贵州大学长期派驻村工作干部，从不同的专业领域和角度，全方位指导长田村庄发展建设。

2. 积极推动制定标准和技术规范。贵州大学茶学院庄菊花博士通过两年多的实践探索，总结制定了适合长田村当地茶叶品种和气候特点的茶叶生产管理标准《茶园早春茶管护办法》《早春茶加工技术规程》，并定期举办产业培训会，从种茶、制茶、鉴别茶叶等方面进行培训，为当地全方位培养种茶能手和产业人才。

△ 茶叶加工示范户和产品

（三）村庄建设

长田村按规划近期项目建设安排，多方筹措资金，完成了以下工作。

1. 示范点核心区的环境整治，雨水和生活污水治理系统建设。

2. 重要空间节点的整治规划，如村民活动中心环境改造，长田古井环境修复改造以及沿主要村道进行环境美化。

3. 部分农房人居环境整治和"一分三净五改"项目的实施。

△ 茶产业实施成果图

△ 示范点改建新貌

▲校企合作

▲茶文化

驻村规划师的收获与感悟

1. 做村民新朋友、百姓知心人。

作为长田村的规划师，最欣慰的事莫过于老百姓对规划的认可。长田村的规划之所以得到老百姓的支持与认可，是因为长田村的规划真正发挥了引领发展的作用。在编制长田村规划时，规划团队通过大量的走访，收集了长田村悠久的种茶历史资料，以及了解村民对茶园深厚的感情与寄托的希望，确定了长田村以茶为主题的规划定位。长田村的产业空间与生活空间紧紧围绕着茶空间展开。在产业空间上，布局了标准化种植示范区等茶产业空间，补齐村民种植管理粗放、缺少标准化管理种植的短板。在生活空间内，结合村民制茶工艺欠缺的问题，布局了博士制茶坊、多个手工加工作坊。规划实施以来，村民的种茶、制茶水平得到了很大提升，部分村民的收入显著提高，大大激发了村民参与规划实施的热情。

2. 当政策引领者，规划宣讲员。

在国土空间规划的新体系下，驻村规划师充分发挥自己的专业知识，做好政策的衔接，这是村庄规划落地实施的关键。长田村在产业空间布局上以"区"划分空间，以"线"划定保护耕地，不盲目扩大茶园面积，在现有的规模下通过规划逐步有序实现茶园管护从"量"到"质"的提升。在生活空间布局上，紧密传递国家关于集约节约化用地的规划政策要求，充分盘活利用闲置建设用地，协调布局集体经营性建设用地，为乡村振兴盘活集体经济做好前期准备。

规划实施的主体在乡镇，规划师如何准确地将规划意图传达给管理者，是确保规划有效实施的关键。在长田驻村规划工作中，我们按照规划的推进，及时与乡镇领导及村干部沟通，解决规划在实施上存在的矛盾与问题，确保方向正确、建设有序、村民满意。

亮点特色

1. 校地合作，进行专家领衔的"伴随式、沉浸化"乡村振兴途径探索。

规划紧紧依托贵州大学等高等院校和相关机构的大力帮扶，经过校地全力合作，多层次、多角度、全方位的领航把控，走出一条乡村振兴的示范性道路。

2. 产业引领，探索构建一、二、三产业融合发展路径；搭建"驻村工作站"，构筑乡村振兴人才培养的前沿阵地。

规划强化了产业发展在乡村振兴过程中的核心作用，并坚决从产业振兴着手，让村民收获切实的益处，从而让他们支持乡村规划建设过程中的一系列措施。

3. 密切联系群众，搭建利益共同体；守护共建自然和谐、美好人居家园环境。

文化铸魂。长田村的祭山文化、宗庙文化、建构文化、茶文化以及民俗文化非

︿ 改造后的村庄全景图

∧ 专家领衔构筑产业发展平台

常有特色，在公共空间的营造过程中，特别注重体现村庄的文化特色，倾听百姓的意见。

以点带面，重点突破，循序而为。在规划具体的实施环节中，规划不寻求全面推进，而是先行改造一些重点场所和典型节点，比如对古井的环境改造。以点连线，梳理一条代表村庄环境亮点的探寻路径，取得了良好的效果。

经验启示

通过长田村的规划实践，我们感受颇多。首先，落实乡村振兴战略是一个漫长的系统性工程，我们不能急功近利，盲目推进；其次，乡村振兴是和基层人民群众直接打交道的良心工程，民众的诉求多元而庞杂，需要有"以村民为中心"的大局观和使命感，切实做到"伴随式、沉浸化"的实施探索，与群众连成一片，倾听百姓心声，搭建利益共同体，才能够顺利推进项目实施建设；再次，乡村振兴建设推进需要重点把握、资源集成。需要充分利用各种有效资源，循序推进，碰到有些暂时解决不了的问题，不能急于求成。用历史的眼光和耐性，迎接各种挑战。

花溪区高坡乡大洪村

村庄规划

◆ 北京清华同衡规划设计研究院有限公司

基本情况

大洪村隶属于贵阳市花溪区，位于高坡苗族乡（简称"高坡乡"）西北面，距乡政府所在地 2 千米。014 县道和旅游环线从村内穿过，是由高坡北部进入高坡乡各景区景点的必经之地，与高坡乡石门村、扰绕村共称高坡北部门户三寨。村域总面积 9.5 平方千米，下辖 6 个自然寨，9 个村民组。现状耕地面积 250.17 公顷，永久基本农田面积 167.69 公顷，村域范围内不涉及生态保护红线。

大洪村是传统的苗族村寨。全村常住人口 2436 人，395 户。村庄内部有贵阳海拔最高点皇帝坡、千年夫妻古银杏树等优势自然资源。村内产业主要以一产为主，缺乏二产，沿县道初步形成了零星餐饮住宿等三产业态，村民收入以外出务工和土地流转费为主。

比较优势

大洪村资源丰富，产业发展基础较好，是花溪区乡村振兴产业建设的重点村。村域范围内已建设完成花溪区现代高效精品果蔬基地和溪南十锦田园生态农业综合体（二期）。同时，花溪区旅游环线从大洪村中部贯穿，连接青岩、黔陶、高坡各重要景点和重点村庄，这为大洪与其他村庄联动建立了空间联系，具备较好的产业融合发展基础。

存在的问题

1. 资源利用低效，村庄资源尚未转化为资产。

一方面，村域内自然人文资源尚未得到开发和利用。皇帝坡和银杏树已经具有一定的知名度，但尚未转化为旅游收入。另一方面，村内一户多宅、老旧危房多等情况较为普遍，闲置宅基地未得到合理利用。

2. 缺乏主导产业，村集体经济薄弱。

村集体缺乏主导产业，村民以一产为主，收入来源主要是土地流转费、外出务

⌃ 大洪村千年夫妻古银杏树

工费。产业融合度不够，产业链尚未形成。

3. 基础配套设施不满足高品质发展需求。

村庄内公共服务设施类型全面，水、电、路等基础设施基本满足村庄需求，但缺乏文化活动场地、老年人活动场地等休憩设施。

4. 村庄风貌杂乱，苗族文化缺失。

现状农房基本以水泥平房为主，农房风貌杂乱，苗文化缺失。村内公共景观缺乏，生活污水等问题亟须解决。

思路方法

规划以"三大策略＋两大重点任务＋六项重点工程"的思路，保障落实乡村"五大振兴"。

1. 三大策略：一是关联高坡景区景点集群，与高坡旅游综合体融合发展。借助旅游环线关联高坡景区景点的契机，与周边景点景区形成联动效应。二是挖掘集群内部差异，规避内部同质化竞争。以体验型、综合服务型产业为发展方向，弥补高坡体验型旅游产品空白和基础设施配套薄弱的现状。三是核心山地运动引爆，现代农业体验多元扩展。结合上位和大洪村良好的自然资源优势，大力发展山地运动旅

︿ 民宅整治前（一）

︿ 民宅整治后（一）

︿ 民宅整治前（二）

︿ 民宅整治后（二）

游产品。以汇达农业精品果蔬项目为基础，打造大洪有机品牌。

2. 两大重点任务：补齐基础设施、人才组织等短板，为高质量发展提供支撑；做好现代农业产业和农旅融合与高坡乡融合发展工作。

3. 六项重点工程：优势特色产业建设工程、基础设施提档升级工程、公共服务设施提质工程、人居环境整治工程、乡村文化传承工程、村容村貌提升工程。

编制过程

本次规划遵循"村民主体、多方参与"的编制原则，根据实际工作推进情况，规划编制过程分为工作启动、调研及村民座谈、规划文本编制、多方意见征询、规划论证审查、规划成果上报六个部分。

1. 工作启动。成立领导小组，以乡镇主导召开工作启动会，为乡镇及村支两委成员介绍村庄规划编制技术方案、工作要求、规划的重要性等，建立起"自上而下"的工作机制。

2. 调研及村民座谈。制定调研计划和村民调查问卷，问卷采取"线上＋线下"相结合的方式，既考虑到村内人员，也覆盖了外出务工人员。规划编制团队通过村民代表大会、村民坝坝会、入户座谈、实地调研等形式，多次对接了解村民发展诉求及村庄发展实际。在调研过程中，通过现场发放和网上调查收集有效问卷 174 份，规划总结村民主要意见 12 条，主要关注村内道路建设、房屋立面改造、完善公共服务设施、恢复苗族文化、壮大村集体经济等方面。本次规划采纳 10 条意见，其中 2 条因占用永久基本农田未采纳。

3. 规划文本编制：按照《贵阳市村庄规划编制管理技术导则（试行）》（以下简称《导则》）要求进行文本编制。在内容方面，根据村庄基础设施情况、资源禀赋、区位条件和区域内功能定位确定规划目标；明确上位"三区三线"管控要求，根据乡镇、村支两委及村民诉求科学落实相关建设需求，划定村庄生态、生产、生活空间布局；根据村庄产业基础、周边产业发展情况和规划目标谋划产业发展路径，明确产业总体布局、主要业态、村集体合作模式等内容；根据《导则》制定 14 大类、30 余项项目，辅助落实规划内容。

4. 多方意见征询：在形成一定成果后，多次对接区级部门、乡镇及村支两委，沟通村庄新增用地、农房风貌、产业发展等是否符合村庄发展实际，力求编制"基于村民意愿、多部门协同、多规合一"的规划。

5. 规划论证审查：建立内部三审制度，项目组审查完毕后，通过区长专题会、部门意见征询、专家审查会等方式对规划成果进行审查，并提出纠正和修改意见。

6. 规划成果上报：规划通过评审后，根据评审意见修改，同时进一步根据《导则》，按标准修改图纸内容、统一底图底数、建立 GIS 矢量数据库等，按规定程序上报审批。

目标定位

结合花溪区全域旅游、高坡国际山地运动旅游度假区定位和大洪自身设施与产业基础，明确大洪村乡村产业重点村与乡村生活圈中心村的规划目标和"筑城之巅·高坡大洪"的形象定位。

▲ 村民坝坝会收集意见

▲ 入户座谈收集意见

▲ 村民代表大会收集意见

▲ 村委座谈收集意见

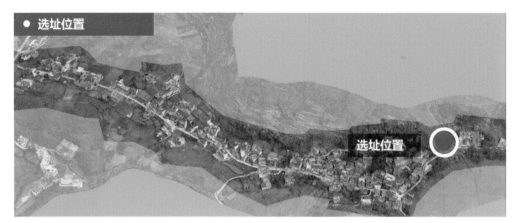

△ 选址规划图

规划理念

规划设计团队通过整合资源要素、盘活闲置资源、产业多元扩展、提升人居环境等策略，引导大洪村存量盘活，塑造大洪村"筑城之巅"形象 IP 和"有机大洪"品牌 IP，推动产业融合发展。

主要内容

落实上位国土空间规划"三区三线"的管控要求，保证村庄建设边界与"三线"不冲突。同时综合各部门在乡村板块的工作成果，科学引导各部门建设内容在空间及用地上合理选址。

1. 促进节约集约，盘活闲置资源。

一是通过梳理一户多宅、老旧危房等闲置宅基地，腾挪闲置存量宅基地和闲置建设用地，用于村庄分户需求和集体经营性用地需求；二是以旅游环线为契机，提升村域内重要景观景点周边旅游配套设施，激活村庄自然人文资源，实现区域产业配套需求与村集体经济发展目标。

2. 完善设施短板，改善乡村人居环境。

结合乡村生活中心村定位，全面完善大洪村道路交通、给排水、垃圾处理系统、公共厕所等基础设施。同时，结合乡村生活圈设施配置要求重点布局教育、医疗、农村物流商业、社会保障等相关设施，形成区域公共服务中心，辐射周边一般发展村庄。同时聚焦村庄环境综合整治，通过村庄整体风貌、村庄内景观环境提升，交通组织提升等措施，全面提升村庄环境。

3.还原苗韵气息，延续村落文脉。

通过梳理村庄内的资源景点，科学提出保护和利用措施。同时，充分挖掘乡土特征，提出立面整治和新建农房风貌引导策略，还原乡村深厚的文化积淀，实现创造性转化、创新性发展。

实施成效

1.人居环境提升方面，大洪村已完成大长寨农房风貌整治、村庄亮化工程、村内道路提升工程。

2.基础设施提升方面，大洪村已完成全村污水管网建设。

3.产业发展融合方面，大洪村现代高效农业产业园已开始进行种植；同时由花溪区人民政府引入中铁文旅对大洪村进行文旅项目开发建设，目前皇帝坡营地已在筹备中。

驻村规划师的收获与感悟

乡村振兴是一个庞大而复杂的体系工程，核心问题是如何激活村庄内生动力，让村庄真正地靠自己运行起来。要实现这个目标，必须坚持村民的主体地位。在

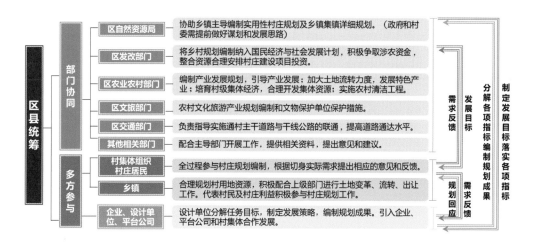

▲ 花溪区"实用性"村庄规划工作传导图

⌃ 大洪村大长寨局部（建设前）　　　　　　⌃ 大洪村大长寨局部（建设后）

这个过程中，"驻村规划师"需要承担"承上启下"的作用。一是做好政策的翻译者。了解村民诉求，用村民能理解的语言传达上位管控和相关政策，引导村民参与到村庄的发展和规划中来，让村民从被动接受转变为主动参与。二是立足于"多规合一"的背景，做好村庄建设的协调者。村庄的建设通常涉及多部门和技术单位，"规划师"需积极协调各类人员，在建设任务或规划落实前提出村庄发展诉求，引导建设任务和规划能更加符合村庄发展实际。三是做好村庄规划的决策者。通过专业知识对村庄近远期建设、产业规划等问题做好科学研判，确保村庄规划能切实指导建设实施。

亮点特色

1. 整合资源要素，引导产业融合发展。

立足于花溪区"青黔高"沿线产业布局和资源分布情况，规划以现代高效农业和乡村旅游两大产业为主导，整合村内产业基础和景观资源，依托现代精品果蔬基地，做亮"有机大洪"农产品品牌，发展现代高效农业；依托区域内景观景点资源，发展以观光休闲农业、苗族文化体验、山地运动旅游为主的乡村旅游产业。同时，通过存量盘活为村庄产业发展提供建设空间，并为村集体提供资源变资产的多元途径。

2. 精细化规划内容，保障规划指导实施。

基于三调数据梳理存量建设用地、闲置建设用地、可利用用地基数，形成一张现状底图。同时，根据村庄发展需求，确定村庄新增农村宅基地、新增产业用地及其他设施用地规模，并在空间上明确点位和规模。结合村庄肌理，划分宅基地地块，明确建设范围和建设内容，助推宅基地确权管理。

⬆ 大洪村现代农业高效产业园（建设中）

⬆ 大洪村现代农业高效产业园（建设后）

⬆ 大洪村大长寨人居环境（建设前）

⬆ 大洪村大长寨人居环境（建设后）

经验启示

1.建立"区县统筹—多部门协同—多方参与"的工作机制。

规划团队在花溪区人民政府、主要部门及乡镇的帮助下，由区统筹，综合区各主要部门在村庄板块已有工作基础，乡镇主导编制，结合规划师驻地驻村机制，建立"自上而下"和"自下而上"相结合的工作机制，保证村庄规划既符合各级政府部门的管控要求，也便于乡镇及村委实施管理，同时满足村民的合理诉求。

2.表达方式直观化，确保政府好用，村民能懂。

以无人机航拍和倾斜摄影为技术支撑，利用图文并茂的形式直观表达村庄空间格局和规划建设内容。

清镇市新店镇三合村

村庄规划

◆ 贵州省建筑设计研究院有限责任公司

△ 三合村鸭甸河畔自然风光展示图

基本情况

三合村位于新店镇西部，鸭甸河自村域西部蜿蜒而过。北邻方家寨村，南靠鸭甸河村和中坝村，西接永和村与东风湖村。贵黔高速临村而过，距离新店镇镇区 7.9 千米。根据第七次人口普查数据，三合村户籍人口共 3566 人，1122 户。民族主要包括布依族、苗族、彝族、仡佬族等。村内产业以一产种植业为主，传统农作物以油菜和玉米为主，经济作物主要为李子。2021 年，全村人均年收入为 1.2 万元。三合村村域面积 785.54 公顷，其中建设用地面积 23.59 公顷，永久基本农田面积 227.01 公顷。三合村村域范围内共有 5 处地质灾害点，共涉及 30 户 142 人。

△ 征求村民意见

比较优势

三合村区位优势明显，与鸭池河村旅游大道连接。村庄位于黔西市、织金县和清镇市的交界处，与化屋基隔河相望；位于鸭池河、鸭甸河、六冲河三河流交汇处，自然资源条件良好，山高地广，地势北高南低，春看万亩油菜花争艳，夏观千亩晚熟酥李，秋赏千亩稻田金黄，冬览周边冬雪皑皑；人文资源丰富，作为一个多民族融合的村庄，保留有庙会等民俗活动和拔河、街舞比赛等体育竞技活动。

▽ 三合村村庄现状山水格局展示图

存在的问题

现状生态本底较好，伴水望山，但生态价值利用不足；自然景观优越、民族文化丰富、体育活动众多、旅游发展有基础，但集成优势力度不足，未形成独特的村庄品牌价值和竞争力；石漠化严重，农业产业发展受限制；村庄招商条件好，经营性用地需求高，但缺乏规划；村庄公共服务设施、基础服务设施配套不足。

思路方法

1. 对三合村生态景观、产业发展等现状进行综合分析，找到最具有代表性、最能引领村庄发展的要素，确定村庄发展目标，在项目谋划、景观营造、设施完善等方面提出突出村庄优势的规划方案，推动三合村跨越式发展。

2. 规划以"生态环境损耗量"最小化为原则，践行"两山"理念，选择不占或少占用地的户外运动旅游作为发展切入点，发展生态旅游，培育三合村"生态＋"新产品新业态新模式，确保生态保护与经济发展共赢，形成三合村创新生态价值转化新方法。

3. 在规划过程中与村委、村民、游客、企业等建立多层次沟通机制，通过访谈、问卷调查等形式，充分了解村民生活生产诉求、招商企业发展需求、游客旅游关注点等，与村民、企业共同谋划村庄发展蓝图，找到村庄发展最优路径。

4. 落实耕地保护原则，进行农用地整理，规划生态修复方案，保护生态环境，盘活闲置用地进行功能置换，共盘活闲置建设用地5处0.09公顷。合理布局村庄宅基地、基础与公共服务设施用地、经营性用地及留白用地，优化村庄国土空间格局。

编制过程

1. 实地勘测调研，了解村民规划诉求。2022年3月，与新店镇对接了解镇级层面三合村的宏观发展方向；通过对接村委和走访村民对村内人口、服务设施、产业

⌃ 露营基地实景拍摄图

⌃ 三合村鸭甸河沿岸航拍图

等基本概况进行了解；通过入户调研和走访了解村民对于村庄的发展诉求和建设需求。

2. 结合村庄资源条件和村民意愿，合理研判村庄发展方向。对三合村生态景观、产业发展等现状进行综合分析，找到最具有代表性、最能引领村庄发展的要素，确定村庄发展目标，在项目谋划、景观营造、设施完善等方面提出突出村庄优势的规划方案，明确村庄发展目标。

3. 召开规划会议，征求村民意见，完善规划成果。完成规划初稿编制，逐层对接乡镇、村委、村民意见并进行再次修改及对接，完成村庄规划终稿编制。

目标定位

云上极速·星野三合——将三合村打造为贵州省知名的露营度假休闲地、云上极速运动示范村、水陆空野趣户外生活与潮流运动示范地。

规划理念

产业兴村，探索后疫情时代"原生态＋新旅游"的发展新模式。规划以"生态环境损耗量"最小化为原则，践行"两山"理念。培育三合村"生态＋"新产品新业态新模式规划，结合其优越的自然景观条件，将生态资源转化为经济效益。

主要内容

1. 规划星空露营基地、直升机起降点、森林树屋、滑翔伞基地等项目，与鸭池河区域村庄联动构建清镇市北部滨水休闲旅游带，差异化打造高质量、高标准的水陆空参与式户外运动旅游项目，将静态观赏型旅游转型升级为动态体验型发展，使三合村脱颖而出。

2.筑牢生态安全屏障，优化国土空间生态保护格局。保护三合村山水林田湖草系统，规划生态修复、河道综合治理、植树造林、山塘生态提升等项目，夯实三合村生态本底，优化国土空间生态保护格局。

3.采用"新时代网络推广、新媒体流量带动"的方式提高村庄旅游热度和知名度。将反映三合村特点的低空飞行、高端露营、水上运动等新项目进行推广，通过流量引入吸引消费者到三合村旅游，提高当地旅游业的知名度和品牌效应。

4.规划帐篷、滑翔伞、水上运动等野趣标识，装置艺术景观小品及醉美山河路等景观营造项目，形成网红打卡地，提升村庄村容村貌。

5.增设停车场、污水处理、公厕、小学、养老服务站、健身广场、卫生室等公共基础服务设施，完善产业配套设施及公共服务设施体系。

村民版成果

（一）生态保护

1.本村不涉及生态保护红线。

2.保护村内林地、草地、水域等生态用地，不得进行破坏生态景观、污染环境的开发建设活动，做到慎砍树、禁挖山、不填湖。

（二）耕地和永久基本农田保护

1.本村内已划定永久基本农田227.01公顷，各村民组均有分布，任何单位和个人不得擅自占用或改变用途。

2.不得随意占用耕地，确须占用的，应经村民小组确认、村委会审查同意出具书面意见后，由镇政府按程序办理相关报批手续。

3.未经批准，不得在园地、商品林及其他农用地进行非农建设活动，不得进行毁林开垦、采石、挖沙、采矿、取土等活动。

（三）建设空间管制

本村内村庄建设用地规模为 29.58 公顷。

1. 产业用地：建筑高度不超过 18 米，容积率不超过 2.0，绿地率大于 35%。

2. 农村住房：本村内划定宅基地 24.82 公顷，每户宅基地建筑基底面积控制在 170 平方米以内，总建筑面积控制在 320 平方米以内，层数在 3 层以下，建筑高度不大于 9.9 米。新申请的宅基地应在划定的宅基地建设范围内，且优先利用村内空闲地、闲置宅基地和未利用地。

3. 基础设施和公共服务设施：不得占用交通用地建房，在村内主要道路两侧建房应退后 3 米。村内供水由新店镇统一提供，规划污水处理设施 11 处，房屋排水接口需向村民小组确认后再进行建设。基础设施用地和公共服务设施用地村民不得随意占用。

（四）防灾与减灾

1. 村民的宅基地选址和农房建设须避开自然灾害易发地区。

2. 村庄道路兼用为防火分隔带，该区域建筑间距和通道的设置应符合消防安全的要求，消防通道也不准堆放阻碍交通的杂物。

3. 学校、广场等为防灾避险场所，紧急情况下可躲避灾害。

近期建设项目

根据规划确定的目标任务，综合考虑村庄人力、财力和居民的迫切需求。项目共涉及 9 大板块，其中农用地整理项目 3 个，生态空间保护修复项目 4 个，建设用地整理项目 2 个，道路交通设施项目 5 个，市政基础设施项目 5 个，公共服务设施项目 14 个，防灾减灾项目 8 个，农村"五治"建设项目 13 个，产业发展项目 24 个。

实施成效

现三合村已被推选为贵州省 2022 年度乡村振兴体育旅游示范点，引入了马蜂窝等知名旅游企业，建设了羽曳露营基地、滑翔伞基地、直升机起降点等项目，网络推广渐显成效，慕名而来的游客逐渐增多，初显品牌效应。

1. 旅游产业项目实施成效：规划后三合村已于鸭甸河畔建设了羽曳露营基地，完成了滑翔伞基地景观提升工程，完成了直升机起降场硬化建设，完成了滑翔伞接待中心旁的牛圈咖啡厅、民宿改造工程，完成了房车露营基地场地平整工作。

2. 村庄建设实施成效：三合村已完成集中建房点场地平整工作、公共厕所建设工作、停车场场地平整工作。基础设施及公共服务设施建设正按照规划设想持续推进。

3. 网络推广实施成效：三合村村委团队及合作企业团队积极通过微信、微视频、抖音、小红书等新的网络媒体对三合村旅游产品、自然资源风光进行推广。现各大自媒体 APP、政府官方网站、新闻号等均可看到有关三合村的内容和推送。

驻村规划师的收获与感悟

驻村 8 个月期间，我与村级领导、村民共同完成规划任务，收获颇丰。

1. 深刻意识到团队协作的重要性。在规划编制过程中，通过镇、村级领导对工作的支持以及村民对工作的配合，调研、调查民情、现场踏勘等工作才得以顺利开展。

2. 深入了解村庄生活、生产实况。经过 8 个月的驻村交流，我对农村生活、生产现状有了全面的认识，学会了如何正确地与村民交流，了解他们的诉求并实实在在将其纳入村庄规划编制。更加合理地研判村庄发展方向和目标定位。

3. 大大提升自我的专业能力。在此次驻村过程中，不仅提升了自己的工作能力、沟通能力、宏观发展思考能力，更重要的是加深了自己对村庄规划工作领域的认识。村庄规划应该实事求是，从解决村庄实际问题的角度出发，以人为本，目标在于提升村民的生活质量，而不应该盲目制定"高大上"的规划目标和内容。同时，本次村庄规划工作让我深刻了解了"多规合一"的内容，今后在相关领域的工作中，我将会更加游刃有余。

亮点特色

1. 通过"原生态＋新旅游"发展模式，把生态高颜值变成经济高价值。规划"高空观光＋林野宿营＋农业休闲"的产品体系，形成"三心两带，五区多点"产业空间结构，把三合村生态高颜值变成经济高价值，实现经济效益与绿色效益的统一。

2. 与时俱进，紧跟潮流，规划选择符合后疫情时代的旅游产品和新媒体传播方法。紧抓后疫情时代现代人户外休闲发展新需求，选择突显三合村特点的滑翔伞、精致露营项目，突显其独特性，采用新媒体传播方法创建村庄品牌和热点效应。

3. 分析全面，研判企业、游客等多方发展需求规划。对村委、企业、游客多方意见进行识别谋划，形成利益共识。

4. 呼应"多规合一"实用性和全域全要素空间统筹的国土空间规划改革核心。本次规划工作突出多部门组织、多层次分工的协调与融通。多方协调解决了空间边界矛盾冲突、用地权属性质冲突、规划时限冲突等。

经验启示

在实用性村庄规划的编制体系下，规划师应当立足于村庄建设及产业发展实际情况，发现问题并解决问题。抓住村庄发展特点，准确研判村庄发展方向。同时应与多方充分沟通衔接，做到满足各级政府部门的管控要求，便于村委实施管理，积极响应村民的合理诉求。

▲ 民宿改造实拍图

▲ 牛圈咖啡厅改造实拍图

▲ 露营基地建设实拍图

赫章县哲庄镇还山村

红色美丽村庄试点建设村庄规划

◆ 贵州省城乡规划设计研究院

△ 调研走访

△ 共谋发展

基本情况

还山村位于乌蒙山区腹地，云、贵两省交界处，村域面积693.28公顷，全村户籍人口2508人，常住人口1644人。现状耕地面积为162.44公顷，永久基本农田面积为101.14公顷，现状生态保护红线面积为37.79公顷。村内产业结构单一，主要为茶叶、养猪等传统种养殖业。1936年，由贺龙等指挥的乌蒙山回旋战哲庄坝战斗就在本村东南侧展开，环坪组、高岩组就是当时的主战场。就是在这一方小小的土地上，传颂着"孙家冒着生命危险营救4名红军伤员"的动人故事。

比较优势

交通方面，还山村地处云贵交界处，村庄南侧紧邻S212省道，即将通车的镇赫高速穿村而过，并在村委会旁有匝道进出口。红色文化方面，还山村是乌蒙山回旋战中哲庄坝战斗的主战场，留下了深深的"军民一心情"，可依托红色文化，传承红色基因，重点建设长征文化主题公园，打造乡村振兴示范村。村寨格局方面，自然景观丰富，生态环境优美，为"山—寨—田园"自然格局，人与自然和谐共生。

存在的问题

1. 存在规划交叉重叠、项目建设犬牙交错等问题。

2. 受地形影响，全村建设用地局促，农房建设布局混乱，风貌参差不齐。

3. 基础、公共服务设施薄弱。受地形条件限制，村内道路等级较低，最宽为4.5米的通村路；给水设施基本全部瘫痪，污水、垃圾处理设施不完善，全村无一处公厕；村内无村民活动中心、小广场、停车场等。

4. 受山体滑坡、道路边坡等自然灾害影响，农村居民点、道路交通存在一定的安全隐患。

5. 资源利用不足，红色文化资源的保护传承和挖掘利用方面还没有任何规划。

6. 产业基础薄弱，基本没有集体经济收入。

思路方法

1. 坚持问题导向，尊重村民诉求，结合现场调研，系统研判问题。

2. 强化"多规合一"，融合各类专项规划和项目建设。

3. 突出村民主体地位，坚持县、乡、村三级联动，全过程当好"翻译官"。

4. 规划编制阶段，走组入户，与村民交流想法，同时将村庄发展现状及存在的问题和村民诉求梳理成条，在规划设计上予以体现，在规划技术层面落实群众需求的同时，落实上位规划要求，与《长征国家文化公园贵州重点建设区建设保护规划》《赫章县哲庄乡总体规划（2011—2025）》《赫章县农村环境整治工程哲庄镇还山村村庄规划（2018—2035年）》等规划衔接。在规划设计和实施过程中，村支两委带头，发动群众参与规划建设，吸引乡村能人和青年回村参与建设和发展，全村干部群众参与村寨建设的有200余人，共计8000余人次。

编制过程

2021年6月10日，项目组就如何开展规划工作在赫章县各职能部门座谈。

2021年6月11日—16日，项目组深入还山村实地调研，和村民代表座谈并入户调研。

2021年7月8日—12日，进行中期评审。

2021年7月13日—14日，围绕县级各职能部门提出的意见再一次对村庄进行调研。

2021 年 7 月 22 日—23 日，召开村民代表大会暨县级审查会。

2021 年 7 月 26 日，毕节市自然资源局组织审查会。

2021 年 8 月 19 日，进行省级审查会。

目标定位

中国红色美丽村庄，乌蒙山地区组织振兴助推乡村振兴样板。

依托红色资源和绿色生态产业（茶叶、林下天麻、大马士革玫瑰花种植）壮大集体经济，改善村容村貌，打造乌蒙山地区组织振兴助推乡村振兴样板。

规划理念

在村域层面重点体现生态保护，践行"绿水青山就是金山银山"理念，助推茶叶、林下天麻、玫瑰花种植等绿色产业发展；村寨层面，综合利用存量空间，赓续红色文脉，建设红色美丽田园村落。

主要内容

严格落实上位规划要求及相关控制线。村域范围内永久基本农田面积为 101.14 公顷，占村域总面积的 14.59%。村域范围内生态保护红线面积为 37.79 公顷，占村域总面积的 5.45%，主要分布在村庄的西南部。

合理划定村庄建设边界。规划至 2035 年年末，村庄建设用地规模为 41.29 公顷，较规划基期年（2021 年）增长 1.95 公顷。

补齐各项设施"短板"。规划在环坪组新建一所幼儿园和一处电商中心，满足村内需求；在环山组，改造利用旧小学为村文化室；在村内各组均设有活动小广场。

着力保障乡村安全。划定灾害影响范围和安全防护范围，提出综合防灾减灾目标，明确消防、防洪排涝、地质灾害、地震等主要灾害的预防和应对措施，规划布

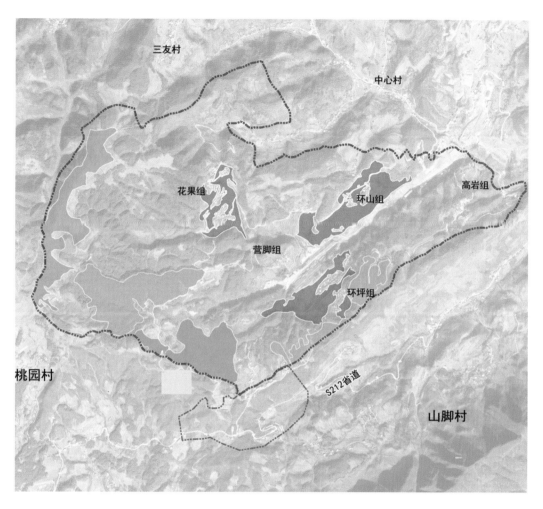

三友村

中心村

花果组

环山组

高岩组

营脚组

环坪组

桃园村

S212省道

山脚村

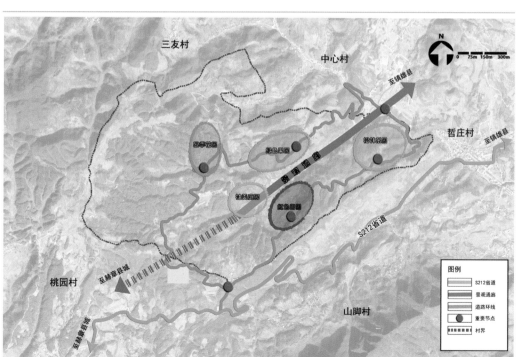

三友村

中心村

N

0 75m 150m 300m

至镇雄县

哲庄村

至镇雄县

桃园村

至赫章县城

至赫章县城

S212省道

山脚村

图例

S212省道
景观通廊
道路环线
重要节点
村界

△ 村庄现状航拍图

△ 红色文化保护利用体系图

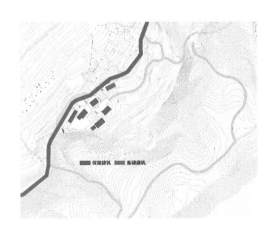
△ 闲置农房分布图

局疏散场地。

注重盘活存量。村庄内盘活现状宅基地 1.37 公顷，现状公共服务设施用地 0.9 公顷。合理利用现状闲置农房，改造为红色微讲堂、红色文化展存空间。全村综合利用空置民房共 7 栋，占地面积约 800 平方米。

村民版成果

1. 国土空间用地布局：严格管控"三线"（永久基本农田面积、生态保护红线面积、村庄建设用地面积），在保障永久基本农田与生态保护红线的前提下，规划预留 4.58% 的建设用地机动指标，用于保障零星分散的居住、公益设施建设、新产业发展等方面。

2. 以"存量优化，以人为本"为思路，根据村庄发展定位梳理出现状土地存量，在满足村庄发展的基础上尽可能减少耕地调整。

3. 在公共服务配套方面，规划在环坪组新建一所幼儿园和一处电商中心，满足村内需求；在环山组，改造利用旧小学为村文化室；在高岩组增设一处红色书屋，可藏书 1000 册。在村内各组均设有活动广场、老年人活动室等，满足村民需求。

4. 分区管控。

生态保护区：38.46 公顷。

永久基本农田保护区：101.14 公顷。

村庄建设区：36.34 公顷。

园业发展区：41.43 公顷。

林业发展区：371.74 公顷。

近期建设项目

1. 对红军隐蔽点原址进行保护，不改变历史遗迹结构和外观，通过四周和顶加盖玻璃罩的方式保护，既不破坏历史遗迹，又美观简洁。

2. 采用"一改二引四小院"策略，建设菜园、果园、花园，院子因地制宜设置晾晒，储藏，堆放，蔬菜、果树、庭院花卉种植等区域，避免形成城市化园林景观。结合还山村红色文化，体现还山村的"军民一心情"。

3. 结合该区域的土地性质与还山村的古朴品质，通过规划蔬菜种植打造独特的田园景观。

实施成效

1. 项目建设有序推进。近期建设项目有 24 个，包括党的建设、红色传承、集体经济、产业提升、人居环境五类，目前已全部完工。

2. 传统产业巩固发展。大马士革玫瑰花种植、茶场补植抚育、林业天麻等产业项目已启动，为当地群众增加了一条务工的路，集体经济收入大幅提升，为村民谋得幸福，助推乡村振兴。

3. 红色文化得以传承。围绕当地群众营救 4 名红军伤员的"军民鱼水情"展开。红色微讲堂和军民一心展示馆布展内容包括：激战哲庄、军民一心展示馆、乌蒙英烈、红色讲堂 4 个馆，集文字、图片、实物、影视等展陈方式于一体。

4. 村民获得感、幸福感不断增强。290 户群众自愿租赁房屋、出让宅基地等支持项目建设，超 200 名群众参与到建设中，人均增收 3650 元。以"公司＋合作社＋农户"模式优化利益联结结构，实现群众获利和村集体经济壮大"双赢"。

驻村规划师的收获与感悟

1. 规划编制阶段，突出村民主体地位，走组入户，与村民交流想法，同时将村庄发展现状及存在的问题和村民诉求梳理成条，在规划设计上予以体现，只有前期

▲ 村寨建成航拍图

▲ 林下天麻种植成效图

▲ 闲置农房现状照片

▲ 茶叶种植成效图

做好了问题研判，后期才能更好地落地。初步设计方案出来后，多次以研讨会、坝坝会等形式与村民商议规划方案，以通俗易懂的方式去介绍，不能简单地套用规划术语，一定要让老百姓听得懂，而且要耐心地与村民沟通，因为他们接触和学习规划需要一定的时间。

2. 在规划实施过程中，村支两委带头，发动群众参与规划建设，吸引乡村能人和青年回村参与建设和发展，全村干部群众参与村寨建设的有200余人，共计8000余人次。本村部分村民之前已经有参与修建镇赫高速经验，具有一定的建设能力，可以更好地参与到村庄的建设中来。村民自身投入到建设中，才能更好地发现问题、解决问题；对于村民提出的问题，驻村规划师可以在现场及时用专业知识进行解答和提出解决方案。在驻村的这些日子里，与村民共同规划、共同建设，收获颇多，村民的情感是质朴的，作为规划设计人员，要走到村民中去，踏踏实实地与村民一起在村里生活，与他们多沟通，才能获得村民的认可，进而助推规划落地。

亮点特色

1. 多层次分解规划内容，体现规划的实用性。区域层面，传承红色基因，助推区域红色资源综合利用；村域层面，立足资源条件，分类有序引导村寨特色化发展；村寨层面，根据村庄发展条件，优先发展主体村寨，合理安排近期建设项目。

2. 强化建设指引，加速近期建设项目落地。本次规划的建设指引，以落实建设目标、助推建设项目尽快落地为导向，结合村庄发展诉求和现状，合理安排近期建设项目，保障项目落地。

3. 动态维护规划，保障全过程"多规合一"。根据上位规划

（"三区三线"），优先保证在严格落实永久基本农田、生态保护红线稳定的情况下，融合各专项规划、项目建设，动态更新维护"一张图"，实现全过程"多规合一"。

经验启示

1. 强化规划的动态维护，乡村地区发展的不确定性因素较多，有需要满足"多规合一"的实用性详细规划要求，规划编制需对近期建设项目做好详细引导，应为不确定的中远期建设项目预留空间，通过动态维护实现村庄规划对项目建设的详细引导。

2. 建设中，充分发挥驻村规划师的"宣传员""翻译官"作用，有力保证项目建设按照村庄规划的布局逐步落地见效，填补了乡村专业人才短缺的空白。

︿ 大马士革玫瑰花种植成效图

︿ 闲置农房利用成效照片

︿ 重点建设区风貌引导图

瓮安县猴场镇下司社区

红色美丽村庄试点建设村庄规划

◆ 贵州省城乡规划设计研究院

基本情况

　　猴场镇位于瓮安县县城东北部，下司社区位于县城北面、猴场镇西面。整个社区为狭长地带，全社区有 19 个自然村寨，共 2798 户 11064 人，全社区劳动力有 3553 人，其中外出打工者 1000 余人。国土面积 1050.03 公顷，其中非建设用地为 814.16 公顷，占全社区国土面积的 77.54%；永久基本农田为 221.45 公顷，耕地为 272.90 公顷；建设用地共 235.67 公顷，占全社区国土面积的 22.44%。下司社区的产业现状是以二、三产业为重点的城镇经济，主要经济收入是土地运营收入、门面出租收入，重点发展餐饮、娱乐、旅店等旅游服务业。下司社区历史文化厚重，这里汇聚了红色文化、土司文化、商贾文化、龙狮文化、辞赋文化和戏曲文化。

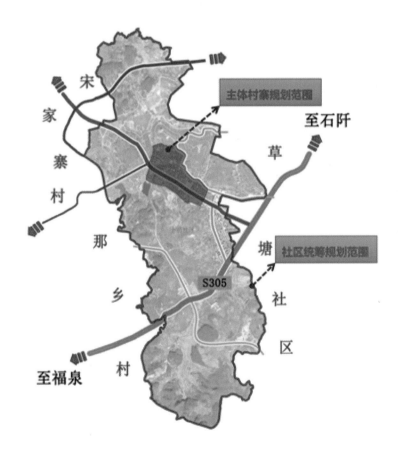

∧ 下司社区整体规划范围图

比较优势

下司社区位于《长征国家文化公园贵州重点建设区建设保护规划》"一核一线两翼多点"布局框架的"一线"——中央红军长征线路上，拥有大量的红色故事和红色遗迹，红色底蕴深厚，历史意义重大，共有红色资源 50 个，其中重要会议 1 个，重大事件 3 个，革命遗迹遗址 10 个（全国重点文物保护单位 1 个，贵州省重点文物保护单位 2 个，黔南州（市）级重点文物保护单位 1 个）。下司社区作为草塘千年古邑旅游核心区，是贵州省文化旅游十大品牌、瓮安县三大旅游支柱之一。

存在的问题

红色资源开发形式单一：红色旅游资源没有盘活，大量资源闲置。景区业态植入有待提升：缺乏旅游公共服务平台，配套设施滞后。产业发展滞后：一二三产业融合缓慢，村集体经济规模小。新型职业农民缺乏：年轻人外出务工，村庄空心化。

思路方法

（一）组织振兴

强化下司社区基层党组织建设，遵从村民意愿，发展壮大村集体经济和农民合作社，实现村庄持久发展和村民致富。通过优化支部、党小组设置，建立社区党委，配齐配强群团组织，系统建立治理组织，完善股份制经济合作社组织，构建以社区党委为主导，三级党组织为基础，治理组织为补充，集体经济组织为支撑的红色组织体系；努力实现支部提"品质"、党员提"素质"、治理提"本质"、村社提"资质"、村庄提"气质"、群众提"才质"等"六个提质"，让社区居民在红色美丽村庄建设中有实实在在的收获，让社区整体风貌在红色美丽村庄建设中得到整体提升。

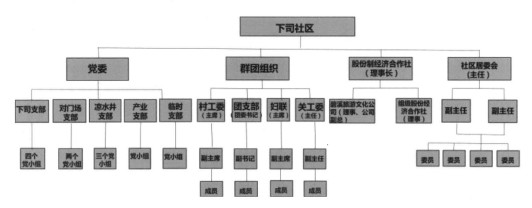

︿ 强化党组织建设思维导图

（二）产业振兴

充分对接上位规划，规范与国土空间规划体系接口，多规合一，统筹村庄各类空间和设施布局，协调安排村庄要素，强化产业规划布局，统筹兼顾，留有余地。

规划提出"三产带二产促一产"的三产融合发展路径。一是提升产业价值，产业现代化，夯实产业基础，生产规模化；二是拓展销售渠道，营销体系化，延伸产业链条，加工自主化；三是塑造红色地标，擦亮红色名片，打响旅游品牌。

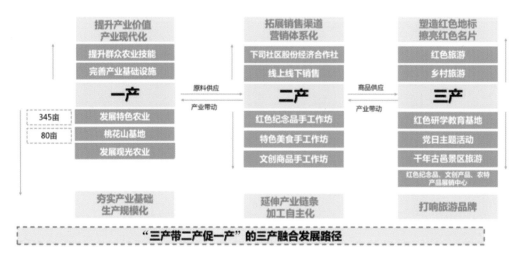

︿ 产业发展路径

（三）文化振兴

依托社区文化基础，全面挖掘红色文化、土司文化、商贾文化、龙狮文化等，并通过文化活动、传统文化传承、文创手工、古书古籍、传统生活物件展示传统文化，将文化以寓教于乐的形式进行传承与发扬，以丰富村民业余生活，打造文化旅游品牌。从保存的古籍、古建筑、古树、老物件、红军长征遗迹、旧址中去寻找村落的发展历程，挖掘穿插于其中的红色文化、土司文化、商贾文化、龙狮文化。

溯源——红色文化、土司文化、商贾文化、龙狮文化之乡，树立文化自信

从保存的古籍、古建筑、古树、老物件、红军长征遗迹、旧址中去寻找村落的发展历程，挖掘穿插于其中的红色文化、土司文化、商贾文化、龙狮文化。

筑基——文化奠基，夯实文化体系

（1）建好乡村文化中心，开展传统文化传承、手工制作等培训活动，培养文化传承人。

（2）实施乡村民风廊、文化廊、文化广场打造工程。配合上级相关部门引入高端演艺策划团体，打造"草塘古镇实景剧"，下司社区股份经济合作社组建日常演艺队伍，参加实景剧和日常文艺演出，增加村级集体和群众收入。

（3）开展红军年、龙狮节、戏曲表演、安抚土司衙署演艺等活动，让红色文化、历史文化得到传承弘扬。

活化——文化传承，树立文化品牌

传承优秀传统文化、发扬民俗文化，挖掘特色元素，策划猴场特色节庆活动，设计创意伴手礼，树立猴场镇文化品牌。

∧ 文化发展路径

（四）生态振兴

坚持绿色发展的理念，回归乡村本位，对村庄内的河流水系、农田和自然山体进行保护，对村庄内的环境进行整治。同时，保护农业生态安全。坚持生态优先、绿色发展，保护乡村自然生态本底，尊重乡村原有景观格局，强化乡土本色。

显 山	育 林	理 水	营 田

依托社区周边山体现状资源，增设村民观景台，突显优美的山地森林景观，打造自然的乡村山景。	充分利用山体原生植被，植树育林，防止造成砂砾地，保护山林生态环境，对社区内的工矿用地、裸岩砾地等进行生态修复。	在不破坏水生态的前提下，对主要河流水系进行整治，丰富两岸植被，营造山水景观和亲水游憩空间。	利用农田景观，打造山水特色农业景观、艺术小品，增加田间景观性和互动性。

慢游环线串联五大特色乡村步道
依托村内道路肌理，环线串联，景观提升，打造特色的乡村野趣的生态绿道。

村落巷道	田园小道	乡村骑道	滨水漫道	登山步道
依托村庄发展肌理和老屋、古树等资源，打造村落休闲巷道，满足村民休闲需求。	梯间和田间布置景观步道，增加乡村主题景观小品，方便生产的同时兼具游赏功能。	依托社区良好的生态环境及观景视野，打造穿行的骑游道。	沿河流两岸设置滨水栈道，结合休憩、观景设施打造，满足亲水休闲的需要。	沿樱花山周边山体建设步道，满足村民健身、登高望远的需求。

▲ 生态发展路径

（五）人才振兴

加快培育新型农业经营主体，重点培育专业技术农民、传统工艺传承人、旅游服务和乡村创业带头人，吸引人才返乡，并以此来留住人才。

> 强化乡村振兴人才支撑，加快培育新型农业、旅游服务经营主体。第一产业重点培育新农人的现代农业生产技能和经营管理能力；第二产业重点培育文创手工加工技术专业人员、非遗传承人；第三产业重点培育旅游接待、服务和经营管理能力。以此来留住人才，并打造强大的乡村振兴人才队伍，在乡村形成人才、土地、资金、产业汇聚的良性循环。

 培育　　 扶持　　 合作　　 吸引　　 引进

五大举措

一、培育新型职业农民，全面建立职业农民制度，实施新型职业农民培育工程。

二、扶持培养一批农业职业经理人、乡村工匠、文化能人、非遗传承人、经营管理队伍、旅游服务接待队伍等。

三、全面建立高等院校、科研院所等事业单位专业技术人员到猴场镇和村企挂职、兼职和离岗创新创业制度。

四、吸引支持企业家、专家、学者、规划师、建筑师、律师、技能人才等，通过下乡担任志愿者等方式服务乡村振兴事业。

五、引进城乡、区域、校地之间人才培养合作与交流机制，以及城市医生、教师、科技文化人员等定期服务乡村机制。

▲ 人才发展路径

编制过程

本次规划前期主要通过现场踏勘、入户访谈以及问卷调查的形式对整个猴场镇进行组织构架剖析、发展条件及资源要素分析，了解村民诉求以及发展意愿。自瓮安县猴场镇下司社区红色美丽村庄规划编制工作启动以来，共召开村民会议 12 次，征求建议人数约 3550 人次。共收集到村民意见 35 条，经梳理汇总，其中，基础设施提升类 7 条，产业发展类 2 条，其他类 2 条。所有村民建议经研判均已采纳，已在规划中体现。中期研判其发展定位、发展目标、发展策略。自然资源、住建、农业农村、水务、文化、旅游等政府部门积极参与，由黔南布依族苗族自治州瓮安县猴场镇下司社区"推进红色村组织振兴建设美丽村庄试点"项目实施领导小组定期分阶段召集相关部门，与自然资源局派驻的乡村规划师积极交流，确保各规划要素的空间落实。制定了区域红色主题专项规划、社区统筹规划、主体村寨规划，节点设计进行统一规划布局。后期针对规划制定了建设项目清单、项目实施策略、项目实施保障以及发动乡村能人、带头人和村两委参与行动，保证规划落到实处。

︿ 群众动员大会

︿ 座谈会

目标定位

打造为全国红色美丽村庄示范点，展现组织振兴的引领示范作用，建设省级红色旅游重要节点，争当贵州的红色文化宣传标兵，树立伟大转折前夜红色地标，擦亮瓮安猴场的红色旅游名片，高举乡村振兴的新时代旗帜，形成文旅融合的新型发展模式。

通过组织振兴引领，发挥红色文化优势，以红军三过猴场路线为主线，发挥红色文化融合串联作用，实现业态向全社区延伸与辐射，串联遵义会议、江界河和朱家山等著名景区进行区域性联动发展，打造旅游线路。从而进行产业延伸，延伸出旅游服务业、手工加工业，为当地村民提供就业岗位，促进村民就地就业、返乡创业，带动整个社区的经济发展，增加村民的收入，提高村民共同建设的积极性，让村民从红色美丽村庄试点建设中真真切切获得幸福感！

规划理念

理念一：衔接乡村振兴，突出组织振兴。理念二：红色文化的充分挖掘和传承保护。理念三：文、旅、农融合发展。

组织引领乡村振兴示范社区	社企联动发展示范点	红色美丽村庄示范社区	文旅农融合发展示范点
优化组织设置 建设党建教育基地示范点 完善党建活动室 健全股份经济合作社 建设党群活动中心 完善治理组织构架 打造人才培养基地	建立旅游文化服务公司 完善产业发展基础设施 公共服务设施联动 生态空间共保 城乡环境共治 15分钟生活服务圈共建	红色文化主题 古邑文化主线 会议会展 生态旅游	发展现代特色农业 培育休闲观光农业 开发文创产品 搭建农特产品销售平台

︿ 规划目标定位图

主要内容

1.围绕红色文化引领，发展多业并兴。

规划通过发挥红色文化优势，以红军三进猴场路线为主线，以千年古邑文化（土司文化、商贾文化、龙狮文化、辞赋文化和戏曲文化）与特色农业为支线，红色文化、历史文化与特色农业融合发展。增加村民的收入，提高村民共同建设家乡的积极性，共享红色美丽村庄建设成果，让村民从中真真切切获得幸福感！

2. 划底线，优布局，满足村庄空间发展需求。

集中零散耕地，聚散为整，便于集中管理运营，同时能够有效提升农业设施运作能力，增加农产产量，集中打造农业示范区。优化建设用地布局，保障村民建房及建设项目用地，壮大产业发展。

3. 优化城乡要素流通通道（连通优化社区出入道路）。

规划中根据实地调研情况不断改善农村交通通行环境，不断完善农村路网体系。加快农村道路硬化，打通断头路，解决村民出行难问题，解决城乡发展不平衡不充分问题。打好规划基础，实现农村公路运输服务水平从"通达"到"安全、便捷、舒适"的转变。让一条条公路通村畅乡，成为民生路、产业路、致富路，为乡村振兴提供有力的交通保障！

4. 提品质，美环境。

在生态环境上，规划划分生态环境分区，对耕地环境、水环境、居住环境提出保护措施，保护生态本底。在居民点建设上，完善公共服务设施，提升基础设施建设，开展人居环境整治，整治老旧农房，提出新房建设指引，为村民提供功能齐全、环境良好的社区环境。

5. 盘活存量，集约发展。

以"以人为本，存量优化"为思路，梳理出现状存量资产，通过把村庄内的撂荒土地、闲置国有资产，通过产权划分、流转、出租、招商等方式进行依法分类处置。盘活村庄存量资产，社区内存量建设用地共 147.41 公顷，规划共盘活存量建设用地 82.3 公顷。

村民版成果

（一）人口预测

根据预测，规划到近期 2025 年总人口数为 11466 人，增长人数为 402 人，宅基地用地面积按照人均 30 平方米计算，需要增加宅基地约 1.21 公顷；规划到远期 2035 年人口达到 12514 人，增长人数为 1048 人，需要增加宅基地约 3.14 公顷。

（二）国土空间用地布局

严格管控"三线"，在保障永久基本农田红线和耕地的前提下，共新增建设用地 13.34 公顷，规划居民集中建房区 5 处，总面积 3.55 公顷，用于保障社区未来发展用地。

（三）存量资产整理

以"以人为本，存量优化"为思路，梳理出现状存量资产，通过把村庄内的撂荒土地、闲置国有资产，通过产权划分、流转、出租、招商等方式进行依法分类处置，进一步盘活村庄存量资产，社区范围内存量建设用地共 147.41 公顷，通过盘活利用闲置建设用地新建高坎子停车场 0.14 公顷、桐梓湾议事阵地 0.03 公顷、公厕建设 0.04 公顷、苗寨活动广场 0.02 公顷、闲置国有资产通过商业盘活 74.87 公顷、撂荒土地通过食用菌基地盘活 7.2 公顷。共盘活存量建设用地 82.3 公顷。

（四）基础设施、公共服务配套

此次规划完善了基础设施，如污水处理、垃圾处理等；完善公共服务配套，提升社区生活服务水平，现状公墓 1 处，位于指路碑组，规划增加 2 处停车场、2 处公共活动场地、3 处活动室、4 处公厕等。

（五）"三线"划定

生态保护红线：社区范围内不涉及生态保护红线。

永久基本农田：221.45 公顷。城镇开发边界范围：222.80 公顷。村庄建设边界范围：147.41 公顷。总宅基地与永久基本农田冲突区域：社区范围内不存在总宅基地与永久基本农田冲突区域。

实施成效

在红色美丽村庄规划的指导下，近期实施项目有 25 个，涉及修建村组道路 6.9

千米、产业路约 6 千米；污水管网建设约 8 千米；在村庄内进行公共环境改造，修建村民活动广场 1 个，改造原有的水井及进行其他公共空间的环境整治；农户庭院打造及房屋改造 135 户；路灯安装 154 盏，垃圾收集箱安装 20 个；发展黑木耳产业基地约 100 亩，修建公共停车场 2 个，新建公厕 2 个，改造党群活动中心 1 处，新建约 300 平方米的议事阵地；且修建村组路和产业路及涉及用地类项目均已纳入全域上地综合整治类项目，不存在与基本农田冲突的区域，同时在村庄内植入红色文化宣传展示，提升村庄文化内涵，所有项目都全部完成并通过省级验收投入使用。剩余的中远期项目将按规划逐步推动实施。

党的建设类项目建成以来，下司社区基层党组织建设得到不断深化，服务群众不断便捷化，村集体经济和农民合作社不断发展壮大，实现了村庄持久发展和村民致富。红色传承类项目建成以来，下司社区草塘千年古邑旅游核心区、红色景区创建工作取得明显成效，增强了下司社区红色资源的影响力，为社区经济社会可持续发展提供了强有力的支撑。产业发展类项目建成以来，目前下司社区 2021 年集体经济收入达 52.14 万元。人居环境类项目建成后，如今的下司社区路宽了，房改了，人民的生活水平得到了明显的提升，村民从红色美丽村庄试点建设中真真切切获得了幸福感！

△ 议事阵地项目建设后

△ 星级厕所项目建成后

△ 食用菌基地项目建成后

驻村规划师的收获与感悟

一是群众参与是基础。村庄规划最终的实施和使用都是群众，在规划编制和实施中，结合群众需求编制的规划，才是实用的规划。二是镇村引领是关键。村庄的建设和发展，需靠政府、村级组织有力的领导和助推，整合各类项目资金，统筹项目实施，协调各类矛盾，系统推进村庄的设施体系建设。三是技术支撑是保障。通过驻村规划师进行纽带连接，将群众诉求转化为专业成果，同时将专业成果通过驻村规划师的翻译和实施，让政府、群众、村庄有机融为一体，科学发展。

亮点特色

（一）一个堡垒

规划编制过程中突出强化红色组织，为乡村振兴提供坚强有力的组织保障。

（二）两大重点任务

规划编制过程中着力系统推进乡村振兴，巩固拓展脱贫攻坚成果。

（三）三个主体

产业规划过程中不断探索龙头企业、合作社、农户三大主体，发挥龙头企业的示范带动力、合作社的组织协调力、农户的劳动创造力以及提升农户自身发展的内生动力。

（四）四个"规划"

规划编制综合考虑土地利用、产业发展、居民点布局等，做到村庄规划、产业规划、合作社规范、村规民约协调统一，实现"多规合一"。

（五）五大振兴

规划编制统筹产业、人才、文化、生态、组织五大振兴，协调推进，共同谋划。

（六）六种力量

规划体现盘活资源、房产、人才、土地、市场、改革创新六种力量，创新基层组织体系。

（七）七个质量

在规划过程中着力提高农户收入、集体经济、基础设施、人居环境、乡村服务、乡村治理、精神文明建设七个方面的质量。

经验启示

（一）共谋机制

建立以破解农村难题为重点的共谋机制，通过与政府、村级组织、村民代表及规划师团队，借助面对面讨论、问卷调查的方式，平等吸纳村民意见，以互动形成互信，达成共识架构，形成村庄未来发展的共同愿景，为后续的合作做出良好铺垫。

（二）共建机制

建立以加强设施建设为重点的共建机制，完善各项基础设施等，从最契合村民利益需求的建设做起，强化村民的主人翁意识，把村民最关心、最急迫的事项作为建设重点，通过展示建设成效，进一步激发村民建设新农村的积极性。

（三）共管机制

建立以唤醒集体意识为重点的共管机制，建立村委会、村民群众共同管理的长效机制，充分发挥乡村能人、社会组织团体作用，细化完善各类村规民约，引导村民全过程参与监督，确保乡村规划有效落实。

（四）共享机制

建立以提升幸福指数为重点的共享机制，引导和动员广大群众积极参与新农村建设。通过典型引路、示范带动，让广大农民熟知，使他们真正成为村庄规划的主体。村民通过切实参与共同缔造，拥有更多的获得感和幸福感。

凤冈县进化镇临江村秀竹组

特色田园乡村·乡村振兴集成示范试点村庄规划

◆ 贵州省城乡规划设计研究院

基本情况

区位分析：临江村位于凤冈县西南侧、进化镇北部，因临近乌江支流蒲水河而得名。秀竹组位于进化镇西北部，距离凤冈县县城 19 千米，距离进化镇人民政府驻地 12 千米，距较近的高速公路出入口仅 2 千米，交通便利，区位优越。

村域情况：村域面积 28.46 平方千米，有 32 个村民小组，总户数 1757 户，总人口 6631 人。经济产业主要以有机水稻、烤烟、茶叶、玫瑰、花卉苗木、精品水果、乡村旅游为主。自然生态良好，资源优势尚未充分利用。

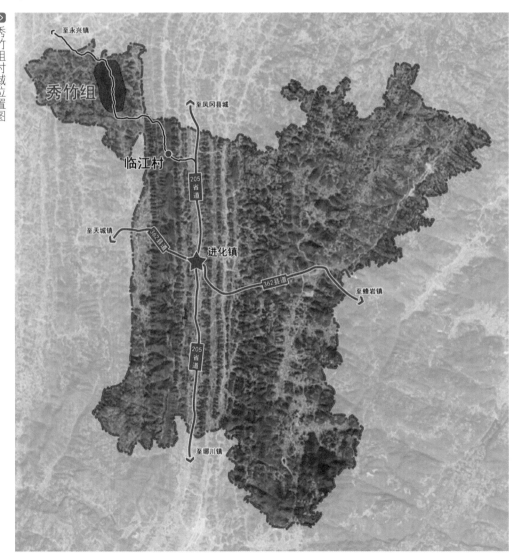

秀竹组村域位置图

比较优势

产业优势明显。秀竹组现状产业基础坚实，产业种类较多，现已形成以玫瑰为主导的产业体系，同时已有一定的二三产业基础。

区位条件优越。交通优势极其明显，离最近的高速路口仅2千米，同时四周还围绕3条高速，形成了条条大路通秀竹的局面。

集体意识强烈。人民群众积极性高，集体意识强，为各类项目落地实施、顺利推进提供了坚实的保障。

生态环境优美。现状林地覆盖率达到52.78%，形成了"山—水—林—田—寨"多样的生态环境，整体生态空间极具发展优势。

文化丰富多样。文化种类丰富，包括新兴的玫瑰文化、传统的农耕文化、茶文化以及一些历史生态文化，是一个多文化交融的区域。

︿ 群众坝坝会

︿ 项目谋划

存在的问题

特色资源沉睡：苗木基地、古井、崖洞（龙洞堡）、乡愁烤烟房、废旧容器、荒废水塘等资源利用不足。

特色文化隐性：显存文化少、隐形文化多，存在文化消失现象。

特色产业局限：主导产业不够突显，延续传统茶产业和种植业。

田园风光粗放：耕地撂荒，果园老化欠管护。

田园建筑杂乱：村落传统风貌保护不足，乡土特色流失。

田园生活消极：资源外流，劳动力外出比例逐渐上升。

︿ 入户调研

基础设施短板：交通、污水、垃圾、消防、供水等设施不足。

公共服务设施短缺：文化广场、组级支部阵地、老年人活动中心及其他文化活动中心短缺。

乡村活力不足：村集体不够强，乡村活动不够丰富。

思路方法

（一）规划思路

明确村庄开发保护空间布局。发挥乡村地区国土空间用途管制的作用，合理划分生产空间、生态空间和生活空间，严格管控各类空间内进行的各项活动。

细分规划重点内容。"多规合一"的实用性村庄规划统筹考虑多种要素，系统梳理村庄规划的重点内容，分为村域规划和自然村（组）两大部分内容。

明确近远期规划目标。对村庄的未来发展做出综合部署，明确近期建设任务，统筹安排各项建设活动。

强化实施保障。严格落实各项约束性指标，坚持"先规划、后建设"的原则，

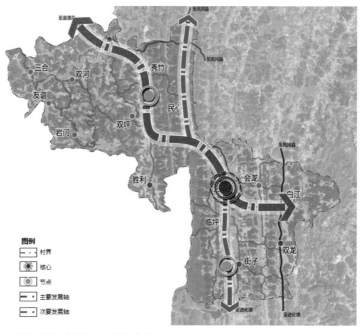

△ 秀竹组村域空间结构规划图

以"一张图"规划成果指导乡村建设。

（二）规划方法

科学定位，合理编制规划。明确村庄定位，合理划分村庄发展目标，明确具体的实施路径，努力走出一条具有自身特色的乡村振兴之路。

集思广益，强调多方参与。既要有专业人才的参与，又需要相关专家的指导，同时要充分尊重村民的主体地位，确保规划的合理性和科学性。

结合整村的资源条件和发展方向，构建"一核三轴两节点"的空间布局。

一核：以村委会所在地为发展核心。

三轴：包括一条主要发展轴线和两条次要的发展轴线。

两节点：分别为秀竹和街子两个主要节点。

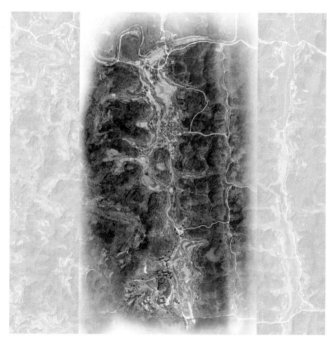

△ 核心区域规划总平面图

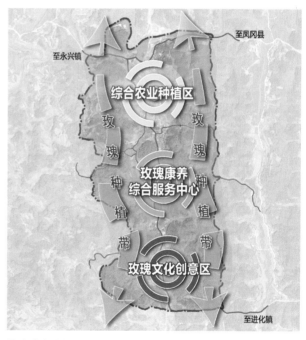

△ 产业规划布局图

编制过程

通过启动会、坝坝会、入户调查、田野踏勘、乡贤访谈、问卷等工作方式进行深入的驻村调研，充分听取村民的诉求和意愿，全面调查和掌握当地的基本情况，摸清村民的主要诉求，分析村庄面临的主要问题并提出解决思路和办法。一是科学定位，合理编制规划。多角度、多方位分析村庄自身及周边地区的社会与自然条件，明确村庄定位，合理划分村庄发展目标，明确具体的实施路径。二是开门编规划，"自下而上"集思广益，强调多方参与。共编共绘、共商共议、共建共享、共谋共治。坚持村民主体，共同缔造，坚持政府主导、村民主体，组织村支两委、乡贤、党员和村民积极参与，作为规划编制的主要参与者，驻村规划师积极参与项目谋划，充分尊重村民意愿，集思广益、开门问策，问需于民、问计于民，确保规划的合理性和科学性。

目标定位

规划目标：力争到 2035 年，该片区特色田园乡村的建设基本成形，借助乡村建设全面发展的区域战略，向外展示凤冈乃至贵州省的特色乡村建设样板。

规划定位：以玫瑰种植为核心，"山—林—田—寨—溪"为载体，打造集大地景观观光、农业体验、田园康养度假、美丽乡村体验、贸易展销等功能于一体的特色田园乡村；总体定位为"玫瑰有约•康养秀竹"。

规划理念

结合临江村秀竹组的实际情况以及特色本底，规划确定目标：玫瑰有约•康养秀竹。以玫瑰种植为基础，"山—林—田—寨—溪"为载体，打造集大地景观观光、农业体验、田园养生度假、美丽乡村体验、贸易展销等功能于一体的省级特色田园乡村。玫瑰产业持续做大做强，扩大规模，不断提升种植技术，效益更大化，完善产业链，种、加、销、游融合发展，不断丰富产业业态。通过玫瑰产业的培育与利益联结机制的建设，为贵州玫瑰产业的发展提供宝贵经验。

主要内容

村庄规划分为村域规划和自然村（组）规划两个层次，采用"基础内容＋细化增补内容"方式编制。

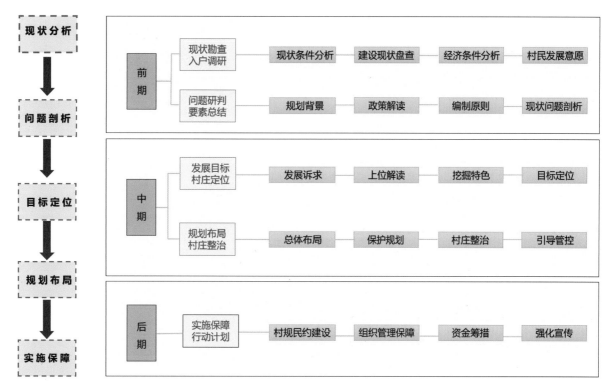

▲村庄规划编制技术路线

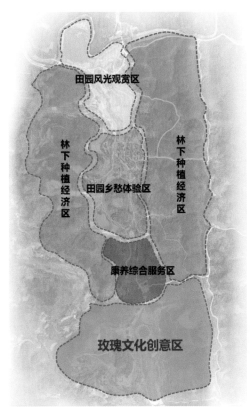

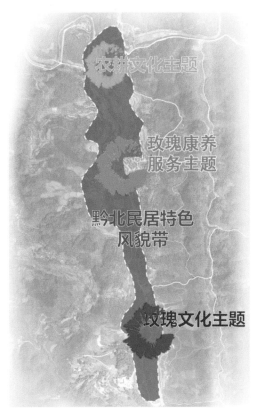

︿功能分区规划图　　　　　　　　　　　　　　︿整体风貌控制图

　　"特色打造"围绕特色产业、特色文化、特色生态进行规划。以玫瑰特色产业为基础，以玫瑰文化传承为灵魂，以山水田园和乡村生活为载体，以玫瑰采摘加工、玫瑰游览观光、玫瑰疗养、康养度假和文创活动为纽带，以"集成示范"为抓手。

　　"田园塑造"围绕田园风光和田园建筑进行规划。田园风光注重对现有山野村居的尊重，以营造乡愁意境为目的，在梯田和田间布置景观步道，增加乡村主题景观小品，在方便生产的同时兼具游赏功能；田园建筑重点提取现状乡土要素，就地取材，因地制宜是主要原则。

　　"乡村改造"注重设施补齐、风貌统一、环境美化。稳步推进农村污水、垃圾整治，"厕所革命"，有序推进农村基础设施、公共服务设施的改造，逐步建立完善的村民生活服务圈，合理布局村公共服务设施，保障村日常生活生产所需的市政公用设施供给。

　　盘活闲置资源。采取先租用后出让的方式，将2200平方米闲置村集体经营性建设用地用于厂房建设，村集体经济收益为5.35万元。让"包袱"变"财富"，积极鼓励群众将闲置房屋通过出租、入股等方式，改造为公益设施、民宿、作坊等。已改造加工作坊 5 家、民宿 4 家、支部活动室 1 间。

村民版成果

发展定位：玫瑰有约·康养秀竹。

依托现有玫瑰产业基础，扩大玫瑰种植面积，打造纵横交错的玫瑰花田、缓坡树林与星罗棋布的黔北民居交相辉映的玫瑰花谷，并进一步延伸采摘加工、游览观光、玫瑰疗养、康养民宿和文创活动等项目的生态旅游和康养产业，实现"接二连三"融合发展，进而实现生态美、产业特、农民富的发展目标。

生态保护红线：秀竹区域范围内的生态保护红线范围主要包括穿家坪大坝及蒲水河沿线，总面积 5.28 公顷。

永久基本农田：秀竹有永久基本农田 115.57 公顷。其中旱地 58.46 公顷，水田 56.15 公顷，果园 0.96 公顷。

村庄建设边界：村庄开发边界面积为 15.83 公顷，其中新建设施占地面积为 0.41 公顷，为保证村庄发展，预留村庄发展用地面积为 0.82 公顷。

宅基地管控：农村村民新建、改建、扩建住房的应当在宅基地建设范围内选址，村民一户只能拥有一处宅基地，每户宅基地面积不得超过 200 平方米，建筑面积不得超过 320 平方米，建筑层数不得超过 3 层，底层层高原则上不超过 3.6 米，标准层层高原则上不超过 3.3 米。

△ 玫瑰产业初显成效

公益性公墓：秀竹组区域范围内无公墓地块，临江村公墓统一安置于胜利组。

△ 重要节点风貌整治图

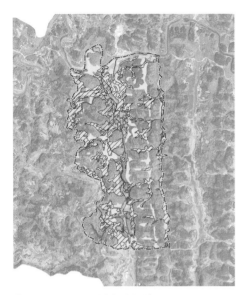

▲ 临江村秀竹组村庄建设边界图

▲ 生态荷塘整治

▲ 示范点核心区域现状图

建设内容

1. 基础服务设施：打通断头路，建设生态停车场、生态机耕道、荷塘步道，完善污水处理设施，建设垃圾分类房，完善污水管网设施，进行生态河道治理、户外亮化，提升道路沿线景观。

2. 公共服务设施：建设石板文化广场、党群活动中心。

3. 文化设施：修缮古井，保护古树名木，建设乡愁烤烟房、村口标识，打造崖洞。

4. 农房建设：美化围墙庭院，拆除废弃农房和提升维护农房。

5. 乡村治理建设：建设老中青结合、年龄梯度合理的村干部队伍，形成"头雁领航、雁阵高飞"的村干部队伍建设新格局。

6. 产业发展设施：根据产业布局，产业发展设施建设类共分为产业基础设施建设、玫瑰主导产业发展重点项目、联动产业发展重点项目建设3小类。

近期建设项目

建设项目分成村庄建设和产业发展两大类，共计45项。其中，村庄建设34项，产业发展11项。项目建设期限为2021年—2023年，分成3年建设时序，2021年实施31个项目，2022年实施16个项目，2023年实施12个项目。项目选址、建设实施方案、建设标准完全落实。

实施成效

1. 村庄规划成果实施严格落实各类保护要求，集约高效布局村庄建设用地，未占用生态保护红线、耕地和永久基本农田。严格进行耕地和永久基本农田保护，落实永久基本农田划定成果和耕地保护任务。统筹安排农业发展空间，推动特色山地农业、生态农业、高效农业发展。严守生态保护红线，严格落实上位国土空间规划划定的生态保护红线，保护乡村和自然有机融合的空间关系。

2. 充分利用"三调"的农村宅基地内的空闲地引导集中建设或结合村庄实际情况分散建设，保障村民分户宅基地建房需要。

3. 发展传统茶产业和新兴玫瑰产业，利用局部空间和条件较差的区域进行产业种植。

4. 实施成效显著，群众从中受益，村容村貌和人居环境大大得到改善。改善生态环境，补齐村庄基础设施和公共服务设施的短板。临江村成为贵州省第一批省级特色田园乡村·乡村振兴集成示范试点建设观摩点。

5. 唱响特色田园乡村建设"三部曲"。按照"特色""田园""乡村"总方向，围绕"四新一高"，坚持改革引领、市场主导、农民主体，统筹推进"五大振兴"，初步建成集"特色产业、特色生态、特色文化、田园风光、田园建筑、田园生活、美丽乡村、宜居乡村、活力乡村"九要素于一体的贵州省乡村振兴集成示范试点。

驻村规划师的收获与感悟

驻村以来，严格按照编制要求和深度，积极开展村情民意调研、政策法规宣传、富民强村服务、收获很大，感触很多。必须与群众打成一片、抱成一团；必须了解相关的涉农政策、法规；必须处理与其他村干部的关系；必须真心实意为群众解决实际困难；要充分依靠群众。驻村生活虽充满艰辛，但是感

⌃ 示范点核心区域实施后效果图

⌃ 宜居农房改造效果图

⌃ 乡间改造效果图

⌃ 示范点整体实施后效果图

▲ 征求村民、乡镇意见

▲ 县级评审

▲ 市级评审

触很深、启发很大、收获颇多。

经验启示

1. 创新探索实施"党群直议制"。让村民充分参与到议事产业发展、乡村治理等各个环节中，全面调动村民的积极性。群众的事情商量着办，整治人居环境，农民是主体，也是最大的受益者。

2. 坚持农民主体，主攻三座"堡垒"，激发乡村"源动力"。

3. 抓产业融合。做好产业"加"文章，推动传统优势产业和新兴特色产业融合发展。示范点在做好茶叶产业的基础上，发展玫瑰种植，并研发玫瑰花茶特色产品，让群众增收。

4. 抓资源盘活。大力盘活闲置资产，让"闲产"变"活产"，创新推进"农村集体经营性土地入市"，采取先租用后出让的方式。

5. 坚持市场主导，实施"四大行动"，培育乡村"增长极"，引企入村，把资源变资产。大力实施"十百千万"工程，培育引进不同层次的市场主体，让农村沉睡的资源活起来。

6. 引民入社，让农民变股民。推广"公司＋合作社＋农户"的组织模式，农户以土地入股合作社，建立健全利益共享、风险共担利益联结机制。

7. 整合财政资金补短板，集成五类资金共计3375.4万元。2021年，中央财政衔接推进乡村振兴补助资金828万元，省级财政衔接推进乡村振兴补助资金397万元，村民自筹868万元，东西部协作资金1118万元和宜居农房改造资金164.4万元。

普定县化处镇焦家村

特色田园乡村·乡村振兴集成示范试点村庄规划

◆ 贵州省城乡规划设计研究院

基本情况

焦家村位于普定县化处镇东北部,紧邻普定城区,明末年间焦姓、陈姓、吴姓迁于此,后因焦姓一族声名显赫,始称焦家村。村庄国土面积 9.71 平方千米,人口 5648 人,下辖 11 个自然村组,是上位国土空间规划确定的集聚提升类村庄,现状耕地面积 478.48 公顷,永久基本农田面积 362.59 公顷,建设用地面积 51.64 公顷,有地质灾害隐患点 4 处,历史文化遗存 2 处,不涉及生态保护红线。村庄地处普定水母河流域全国最大的韭黄产业带核心区,韭黄主导产业明确,交通条件便利,农业产业规模化发展空间充足,农耕文化、匠人文化、传统文化、韭黄文化等多元文化交融,是全省第一批 50 个省级特色田园乡村•乡村振兴集成示范试点。

比较优势

一是特色产业基础优越。以韭黄为主导的特色产业发展形成了规模,基础优越。二是自然生态本底良好。"山环水绕田簇"的自然山水格局,环境优美,生态环境优越。三是历史悠久,文风淳厚。农耕文化、匠人文化、传统文化、韭黄文化等多元文化交融。四是传统建筑风貌延续。传统建筑院落空间格局及肌理得以延续,传统居住生活方式得以保留展示。五是经营模式促进活力。"村级公司＋基地＋农户"的产业利益联结经营模式,壮大了集体经济,富裕了村民。

存在的问题

整理村庄问题。一是产业集成程度不高,项目关联性不强,产业链条延伸不足,一二三产业融合不够。二是公共活动空间不足,缺少文化展示空间载体,整体风貌环境亟待改善提升。三是村庄配套设施、公共服务还不能较好满足村民的生产生活需求。

解决痛点难点。一是依托大数据建立接二连三全产业链条,搭建韭黄种植全过程大数据平台,推进韭黄产业提质增效,提升群众收入水平。二是聚焦群众所需谋

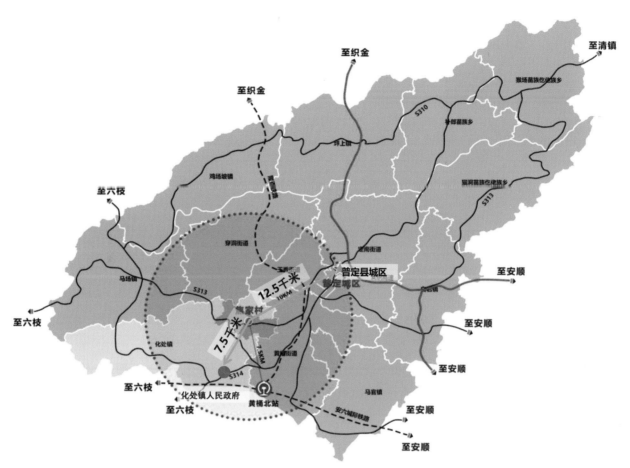

⌃ 焦家村区位图

⌃ 焦家村现状村落格局图

∧共谋

∧共建

∧共治

∧共享

划重点项目，通过整合东西部协作、上级财政、乡村振兴、村民自筹等多渠道资金来源，保障项目顺利实施，大力提升农村人居环境水平。

思路方法

以多渠道、全方位村民参与为编制基础。按照"共谋、共建、共治、共享"的工作机制，依托线下"村民民主议事会"和线上"智慧化处"平台，畅通民意，探索村庄共同治理新方式，尊重村民主体地位，保障村民诉求和利益，编制村民需要的规划。

以问题研判和现实需求为技术导向。从现状出发，以村庄问题矛盾和村民现实需求为指引，以上位规划和政策支撑为基础，研判村庄的特色定位与发展目标，提出发展策略和路径，形成"现状分析—总体研判—策划定位—发展路径—规划设计—行动保障"的规划技术路线。

以聚集提升和"六精"策略为规划路径。结合集聚提升类村庄要求，围绕人口、资源、产业集聚和功能、品质、定位提升，谋划"六精"发展路径，精准指引产业提级树标，精明挖掘文化特色价值，精致管控生态山水底色，精当布局优化空间功能，精品补齐设施风貌短板，精细治理管理服务水平，推动村庄全方位提质升级。

以文化传承和本土营造为设计手段。挖掘传承优秀传统文化，引入本土营造的设计理念，在建筑立面、公共空间、滨水景观等景观设计上就地取材、旧物利用，体现景观的乡土性、趣味性和艺术性。

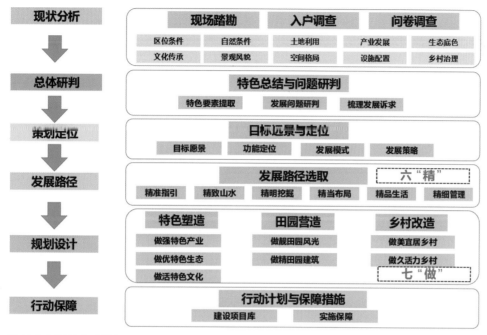

△ 村庄规划技术路线图

编制过程

征求各方意见。规划编制团队采用精准规划"三分体验、五分沟通、两分技术"的工作方式，以村庄问题和需求为切入点，通过 32 天驻村工作和一户一档入户调查、5 次县级座谈会、6 次乡镇级座谈会、10 次村级座谈会、4 次院坝会、2 次村民代表大会以及定期召开的驻村规划师座谈会等形式充分征求村民意见，全方位了解村民和政府的发展诉求。

收集村民诉求。规划编制团队通过现场踏勘、入户访谈、问卷调查、座谈会议、网络平台等多种形式拓宽村民规划参与渠道，共收集村民意见 12 条，采纳 12 条，主要集中在公共设施配套建设、产业提质发展和农房改善建设等三个方面：一是部分村民因为原有住房条件较差或多户居住，有强烈的分户和新建住房需求；二是村民希望推动农业产业升级，进一步拓展就业，增加收入；三是村民对村庄污水处理、活动广场、停车场等配套设施需求强烈。

🔺 一户一档入户调查

🔺 规划方案对接

🔺 村民代表征求意见会

🔺 规划公示

《普定县化处镇焦家村特色田园乡村·乡村振兴集成示范试
点村庄规划》

村民代表意见征求会

2021年8月9日，普定县化处镇焦家村村委召开村民代表大会，就《普
定县化处镇焦家村特色田园乡村·乡村振兴集成示范点村庄规划》征求村民代
表意见，30余名村民代表参加会议，规划单位详细介绍了村庄规划方案，对村
庄空间布局、管控要素、农房建设、产业发展、文化提升、风貌控制、防灾减灾
和项目配置等内容进行了讲解说明，与会村民代表在交流讨论后认为，规划符合
焦家村实际，较好的体现了村民意愿需求，解决了村民关心的公共设施提升、产
业培育、环境改善等实际问题，经举手表决一致同意该规划(参会人员签到见附
表)，同时提出以下建议:

1. 活动广场、公共服务中心选址应进一步考虑，问距在100m左右
2. 充分利用闲置房屋作为建房点，减少开挖进案用地
3. 即村留房老危房维护修用建议完善
4. 充分听取建房意愿先统一报批，按规划小计书进进行开发
5. 在纪念村文化中心，以进美等等，健与乡进接待示范站设施
6. 合理规划好功能布局，带动美观加公共活动广场
7. 进一步对好规划管监示，四向规进议记录
8. 千里村道路进一出动等并可价将标准提建，提高开发度
9. 资金村志同对说明，便政处理，就供给化开共业拖进设
10. 进所分休连推阳危安处形形
11. 在美村有房用建，作用规划完家房户用度
12. 项监经病房中应增加做经营，经同对开其实问信

🔺 村民代表大会意见

目标定位

依托"山水相拥"的自然山水格局，以全国最大韭黄特色农业示范园区为基础，以国家数字农业创新应用基地建设为契机，以大美大地田园景观与俊美河道景观为特色，以乡村生活与传统文化展示为载体，围绕中国韭黄第一村"水韵匠意，金玉韭香"的主题定位，着力打造贵州省现代高效农业示范村，贵州省现代数字农业标杆村，普定都市近郊集农业生产、产业研发、田园生活、乡愁体验等功能于一体的特色田园乡村。近期以产业振兴为引领，促进韭黄产业转型升级、提质增效，夯实富民基础，推进农民持续增收。远期重塑农耕体验和农居生活，营造生态乡村田园景观，延续乡村牧野生活，以特色产业带动文化、生态、人才、组织等方面的乡村全面振兴。

规划理念

精准规划理念。通过聚焦和挖掘村庄特色，识别村庄发展的基础性诉求和提升性需求，对规划内容进行差异化引导，最终在村民自治环境下，通过广泛的村民参

︽ 焦家村规划鸟瞰效果图

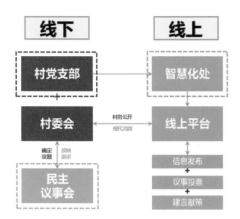

△ 智慧规划理念在村庄规划中的实践应用

与凝聚规划共识，通过"建设管理公约"等形式约束规划实施与建设行为，以促进村庄振兴与可持续发展。

智慧规划理念。加强人工智能、大数据等数字化技术在村民参与、村庄产业发展中的应用，实现村庄规划的数字化转向。

减量规划理念。强化土地节约集约利用，严控建设用地规模扩张，严格保护耕地，进一步盘活存量土地，积极探索减量规划。

乡土人文理念。根据村庄的气候、水文、地形地貌以及动植物等生态要素资源特征，合理利用现有资源和景观，创造因地制宜的景观，考虑景观地方性的设计原则，尊重地方人文以及乡土环境。

主要内容

全域全要素国土空间融合布局。基于上位"三线"管控要求和村庄安全要素管控要求，优化农田生产空间、整理村庄生活空间、保护山林生态空间，优化调整村庄各类用地布局，统筹安排农用地、建设用地和其他用地，形成北部山林生态空间、中部乡村生活空间、南部田园生产空间的"三生"融合发展格局。

自然村组分类差异化用地管控引导。将全村 11 个自然村组划分为重点村组与一般村组，对重点村组采用"用地布局图 + 详规平面图"、一般村组采用"用地布局图则"的差异化管控引导方式，实现对用地布局、设施配套、建筑风貌的管控指引。

全域生态格局支撑的山水林田修复整治。基于"水系生态 + 林地保护 + 田园建设 + 农林共生"的全域生态安全格局，推进山林、河道生态空间系统修复和农田空间改良整治，统筹推进村庄山水林田系统治理。

以村庄设计塑造空间主题。强化对街巷、水系、公共空间及庭院景观环境的设计塑造，形成"农耕忙、水韵乐、匠意居"等三大田园景观主题板块，实现规划设计与景观功能的相互融合。

塑造特色文化空间，推进村庄文化活化传承。依托村内现有的传统文化基础，深度挖掘农耕文化、传统文化、韭黄文化，利用村庄韭黄基地、闲置建筑与场地，合理布局文化空间，打造特色文化展示线路进行文化展示，实现村庄文化的活化传承。

积极盘活村庄闲置用地，提升土地价值。 全面摸排村庄拆违、私搭乱建、破旧危房、闲置宅基地、空闲地等闲置土地资源，征集村集体及村民意见，实行"一地一策一方案"，量身定制"微改造"方案。将 20 栋闲置建筑改造为民宿，利用闲置用地布局停车场、公园广场及少量公用设施用地，合理控制村庄建设用地规模，有效提升村庄土地价值。

村民版成果

耕地和永久基本农田保护。全村划定永久基本农田 362.59 公顷，任何单位和个人不得擅自占用或改变用途。耕地保有量为 479.21 公顷，不得随意占用耕地，确需占用的，应经村民小组确认，村委会审查同意出具书面意见后，由镇政府按程序办

文化流线：以村内东西两入口为节点，依托文化流线，自东向西依次体验韭黄研发、传统农耕、韭黄田园风光、传统建筑风貌、当地民风民俗，感受多元文化的交织。

︿ 村庄文化展示线路规划图

⌃ 景观环境（庭院）改造前后对比图　　⌃ 设施（巷道）改造前后对比图

理相关报批手续。

生态保护红线。村域范围内无生态保护红线，保护村内生态林、水域、自然保留地等生态用地，不得进行破坏生态景观、污染环境的开发建设活动，做到慎砍树、禁挖山、不填湖。

建设空间管制。规划村庄建设边界面积53.45公顷，村庄建设用地面积53.45公顷，其中现状建设用地面积51.64公顷，新增建设用地面积1.81公顷。村庄建设活动原则上应在村庄建设边界内进行。

历史文化传承与保护。划定历史文化保护线2处，主要包括古井、古桥等，分别为马山古井、龙李桥，禁止在乡村历史文化保护线范围内进行影响历史风貌的各类建设行为。

防灾与减灾。村民的宅基地选址和农房建设须避开自然灾害易发地区。村庄道路兼用为防火分隔带，学校、广场等为防灾避险场所，紧急情况下可躲避灾害。

农房建设管控。全村划定宅基地47.82公顷，村民新建、改建、扩建住房的应当在宅基地建设范围内选址，一户只能拥有一处宅基地，每户宅基地面积不得超过130平方米，建筑面积不得超过320平方米，建筑层数不得超过3层，建筑高度不高于9米。对传统老宅建筑秉承修旧如旧的原则，建筑屋顶沿用坡屋顶、小青瓦，立面采用石材进行修缮，局部利用建筑小品进行强化点缀，现代新建住宅建筑外立面以白色漆料为主色调，灰色漆料勾勒门窗装饰线、层高线。屋顶采用平屋面与坡屋面相结合的方式，大体采用简洁的双坡屋面盖小青瓦的方式，局部留出平屋面以供居民晾晒使用，符合村庄整体景观风貌控制性要求。

⌃ 设施（排污沟）改造前后对比图　　　　　⌃ 设施（污水处理池）改造前后对比图

近期建设项目

焦家村近期规划建设项目 38 个，其中国土空间综合整治项目 3 个、生态修复项目 2 个、人居环境整治项目 13 个、公共服务设施和公用设施项目 7 个、产业发展项目 7 个、乡风文明建设项目 1 个、人才建设项目 3 个、党的基层组织建设项目 2 个。

实施成效

在规划的指导下，焦家村从产业提质增效、补齐基础设施短板、加强村容村貌治理入手，系统推进系列工程建设，产业发展与村庄人居环境得到巨大提升。

韭黄产业发展带动群众增收致富。围绕韭黄产业提质增效，现建成韭黄种植基地 3000 余亩，茶叶种植基地 1000 余亩，试点范围内机耕道油化、硬化 3000 余米，喷滴灌管网已基本能覆盖韭黄基地，以韭黄、茶叶为主的产业发展模式，有效带动全村 217 户 864 人实现增收，辐射带动就业 3 万余人次，村级集体经济收入达 400 余万元。

人居环境得到较大改善。实施完成 89 户房屋墙面整治、2000 余米串户路硬化、202 户农户庭院"三园"改造，完成村庄垃圾中转站、污水处理池及管网改造，有效实现村庄整洁有序，提升了村庄整体的村容村貌，为打造生态宜居奠定了坚实基础。

示范作用显现。焦家村因在宜居乡村建设方面取得显著成效，现已成为普定与花都重点打造的东西部协作乡村振兴示范村，承担了第十一届安顺市新型城镇化推进暨小城镇建设发展大会观摩任务。

△ 建筑风貌（宜居农房）改造前后对比图

驻村规划师的收获与感悟

两年的驻村工作使我收获与感悟颇多。首先，驻村规划师作为村民、编制单位、政府之间的桥梁纽带，责任重大。驻村规划师以"陪伴式规划"深度参与到乡村成长过程中，一是为村庄建设提供决策参谋，通过定期召开驻村规划师座谈会为镇村干部及村民解读规划，让群众了解规划实施后的效果，增强规划意识。二是全过程指导村庄项目实施，从污水地下管网建设、广场选址到建筑立面改造材料、颜色选取、庭院绿化植物选取搭配等方面都为村民出谋划策做出指导。三是当政府与村民意见不一致时，以中立的态度协调各方矛盾。

其次，只有心系村民，方能赢得支持与信赖。驻村工作是与村民反复沟通磨合、共同成长的过程，需要通过串户走访，想村民之所想，为他们提供改造居住环境、韭黄产业提质增收的思路，潜移默化地赢得群众的信赖和支持。

最后，驻村规划师需要情怀，但不能只有情怀，还需要有坚持下去的决心，要抓住乡村振兴的机遇，努力实现自身价值。

亮点特色

建立宜居农房"一户一方案"改造管控图则。针对脚档组202户农房，按照现代民居、传统民居分类，因户施策制定宜居农房改造"一户一方案"，对农房"一分三净五改，两清三园"等改造提出具体的整治方案，明确改造重点、规模、户型方案和效果示意，实现规划—设计的精细化传导。

构建全过程全产业链的产业发展培育体系。依托村庄产业发展基础，在规划中

︿ 传统民居改造效果图   ︿ 院落改造效果图

强调产业驱动和配套，着力构建现代农业产业、生产、经营体系，建立接二连三全产业链条，搭建韭黄种植全过程大数据平台，结合全域土地综合整治，对全村1800亩韭黄基地实施高标准基本农田建设，改良土壤环境与灌排系统，推进韭黄产业提质增效。

推动盘活村庄闲置用地以激发乡村发展动能。落实农村宅基地制度改革，以村庄一户一宅、农房确权和村民拆旧腾退、转换利用为基础，在保障村民住房需求的基础上通过综合整治减量宅基地，激活村内闲置用地和盘活老旧建筑，提升土地价值。

经验启示

经验借鉴。一是实行从大包大揽到以农民家庭户为主的"返租倒包"的土地经营模式，在"三变"改革上做示范。二是采取政府主导、村级主抓、村民主体的"共同缔造"模式，统筹集成政策和项目资金，在集成创建上做示范。三是建立以"两规一约"为抓手，以"两会一队"为载体的基层治理体系，在基层基础治理上做示范。

尚存问题反思。规划内容上还存在贪大求全，部分内容研究不足，对土地综合整治项目谋划不足、研究不深，对历史遗存活化利用以及文化传承研究不足等问题。

今后努力的方向。灵活确定不同类型村庄编制内容和深度，简明规划成果表达，严守刚性管控底线的同时适当留出弹性空间，确保规划有效传导且灵活合理。加强土地综合整治与历史文化传承保护方面的研究。

附　录

兴义市威舍镇发哈村红色美丽村庄试点建设村庄规划

项 目 编 制 单 位：贵州省建筑设计研究院有限责任公司

主 要 编 制 人 员：付家佳　刘兆丰

团 队 人 员：杨婷婷　赵茂林　刘　春　李玉柱　王永利　廖佳伟

驻 村 规 划 师：付家佳　何家鹏

村 庄 类 型：特色保护类

黔西市新仁苗族乡化屋村特色田园乡村·乡村振兴集成示范试点村庄规划

项 目 编 制 单 位：贵州大学勘察设计研究院有限责任公司

主 要 编 制 人 员：余压芳　王　希　赵玉奇　陈小伟　王　艳

团 队 人 员：李　坤　颜　丹　杨泽媛　余启伦　蒲奕霖　杨　柳
　　　　　　　晏　璇　杨连成　陈江羊　廖一博

驻 村 规 划 师：王　希

村 庄 类 型：特色保护类

沿河土家族自治县晓景乡七三村特色田园乡村·乡村振兴集成示范试点村庄规划

项 目 编 制 单 位：贵州省城乡规划设计研究院

主 要 编 制 人 员：李　海　廖　懿

团 队 人 员：杨　帆　白永彬　何思黔　王镜舫　张　婕　丁　航
　　　　　　　赵单傲　刘　塑　柯庆文　姜文举

驻 村 规 划 师：廖　懿（贵州省城乡规划设计研究院）
　　　　　　　姜文举（沿河土家族自治县自然资源局）

村 庄 类 型：集聚提升类

播州区三合镇刀靶社区红色美丽村庄试点建设村庄规划

项 目 编 制 单 位：遵义市规划设计院有限责任公司

主 要 编 制 人 员：刘冰洁　瞿应兵　雷　华　石容财　周方华

团 队 人 员：刘　恋　杜承圆　李刚珍　黄　潇　喻国财　徐继峰
　　　　　　　陈　毅　代贤宇　冉利会　郑华坤

驻 村 规 划 师：瞿应兵　陈寿悦

村 庄 类 型：集聚提升类

石阡县龙塘镇困牛山村红色美丽村庄试点建设村庄规划

项 目 编 制 单 位：铜仁市城乡规划勘测设计研究院有限公司

主 要 编 制 人 员：张 晶 何 毅

团 队 人 员：刘 过 文 军 何海霞 潘艳萍 高文献 王紫薇
　　　　　　　　　蒲 惠 熊江明 胡成飞 杨加轻

驻 村 规 划 师：何 毅（铜仁市城乡规划勘测设计研究院有限公司）
　　　　　　　　　祝光洲（石阡县自然资源局）

村 庄 类 型：特色保护类

三都县普安镇高硐村平冲寨特色田园乡村·乡村振兴集成示范试点村庄规划

项 目 编 制 单 位：贵州省交通规划勘察设计研究院股份有限公司

主 要 编 制 人 员：班 羽 李莎莎 刘 洪 张俊洁 尚 峰

团 队 人 员：李廷富 张仁江 张 林 蒙胜标 韦序颖 邱黔林 陆光连

驻 村 规 划 师：李莎莎（贵州省交通规划勘察设计研究院股份有限公司）
　　　　　　　　　蒙胜标（三都水族自治县自然资源局）

村 庄 类 型：特色保护类

盘州市盘关镇贾西村特色田园乡村·乡村振兴集成示范试点村庄规划

项 目 编 制 单 位：广东省城乡规划设计研究院有限责任公司

主 要 编 制 人 员：贾卫宾 廖 轶 曹 位 方保安 周森林

团 队 人 员：朱忠飞 梁楚欣 胡仕静 钟卓杭 刘廷阳 周 佳

驻 村 规 划 师：方保安 曹 位

村 庄 类 型：集聚提升类

务川县长脚村联江组特色田园乡村·乡村振兴集成示范试点村庄规划

项 目 编 制 单 位：贵州地矿测绘院有限公司

主 要 编 制 人 员：傅 勇 赵洪飞 张 军 鲁 明 陈丽丽

团 队 人 员：田仁康 李金超 付江洪 罗有权 覃忠信 吴旭峰 漆 倩
　　　　　　　　　王 璐 付 伟

驻 村 规 划 师：陈丽丽

村 庄 类 型：集聚提升类

威宁县板底乡曙光村三家寨特色田园乡村·乡村振兴集成示范试点村庄规划

项 目 编 制 单 位：贵州大学勘察设计研究院有限责任公司

主 要 编 制 人 员：余压芳　杜　佳

团 队 人 员：张万萍　赵玉奇　佘舒婷　李宝珍　王　艳　李　坤　杨泽媛

　　　　　　　　张　桦　龙顺正　杨竣淇

驻 村 规 划 师：杜　佳　龙顺正

村 庄 类 型：集聚提升类

台江县施洞镇偏寨村红色美丽村庄试点建设村庄规划

项 目 编 制 单 位：贵州省建筑设计研究院有限责任公司

主 要 编 制 人 员：李函静　袁兰燕　范缘洁

团 队 人 员：杨玉莲　刘煜钦　孙　乾　李人仆　王　攀　马雯骏

　　　　　　　　刘兆丰　张　键　张　剑　孙　迪

驻 村 规 划 师：李函静　张煜尧

村 庄 类 型：特色保护类

龙里县醒狮镇大岩村特色田园乡村·乡村振兴集成示范试点村庄规划

项 目 编 制 单 位：贵阳市城乡规划设计研究院

主 要 编 制 人 员：凌海欣　吴明明　郭灿灿　皮发力　李垂昌

团 队 人 员：白程予　毛天阳　王　燕　唐春萍　邓丽红　赵　阗　齐　洁

　　　　　　　　何忠莉　陈兴中　张　浴

驻 村 规 划 师：吴明明　皮发力

村 庄 类 型：特色保护类

贞丰县长田镇长田村特色田园乡村·乡村振兴集成示范试点村庄规划

项 目 编 制 单 位：贵州大学勘察设计研究院有限责任公司

主 要 编 制 人 员：唐洪刚　孙国勇　白　龙　王毕修　梁永彪

团 队 人 员：梁　毅　赵爱克　蒋维波　周　悦　张岑云　刘　伟　吴庆红

驻 村 规 划 师：孙国勇（贵州大学勘察设计研究院有限责任公司）

　　　　　　　　王毕修（贞丰县自然资源局）

村 庄 类 型：集聚提升类

花溪区高坡乡大洪村村庄规划

项 目 编 制 单 位：北京清华同衡规划设计研究院有限公司

主 要 编 制 人 员：卓　琳　胡景云　张先锭　张丽藤

团 队 人 员：周　扬　袁长春　张东华　雷　勇

驻 村 规 划 师：卓　琳

村 庄 类 型：集聚提升类

清镇市新店镇三合村村庄规划

项 目 编 制 单 位：贵州省建筑设计研究院有限责任公司

主 要 编 制 人 员：范缘洁　袁兰燕　张宝心

团 队 人 员：孙　迪　文　丽　余晓江　陈永涛　陈万里

驻 村 规 划 师：范缘洁

村 庄 类 型：集聚提升类

赫章县哲庄镇还山村红色美丽村庄试点建设村庄规划

项 目 编 制 单 位：贵州省城乡规划设计研究院

主 要 编 制 人 员：向元洪　李晓宇　白传羽　冉琪宁　杨　通

团 队 人 员：龙昌军

驻 村 规 划 师：李晓宇

村 庄 类 型：特色保护类

瓮安县猴场镇下司社区红色美丽村庄试点建设村庄规划

项 目 编 制 单 位：贵州省城乡规划设计研究院

主 要 编 制 人 员：凌志宇　陆显莉　刘　斌　王　艳

团 队 人 员：王　刚　黄　丹　罗焰文　王恋念　覃　磊

驻 村 规 划 师：凌志宇　王　艳

村 庄 类 型：基本城镇化城市化类

凤冈县进化镇临江村秀竹组特色田园乡村·乡村振兴集成示范试点村庄规划

项 目 编 制 单 位：贵州省城乡规划设计研究院

主 要 编 制 人 员：杨秀国　吕刊宇　姜　鑫　潘丽君　邹金江

团 　队　 人 　员：单晓刚　孔维林　王　帅　丁本刚　简洪超

驻 村 规 划 师：杨秀国　简洪超（县级驻村规划师）

村 　庄 　类 　型：特色保护类

普定县化处镇焦家村特色田园乡村·乡村振兴集成示范试点村庄规划

项 目 编 制 单 位：贵州省城乡规划设计研究院

主 要 编 制 人 员：卢常遂　李　海

团 　队　 人 　员：赵书翰　张著杉　何思黔　白永彬　赵单傲　刘　塑

　　　　　　　　　柯庆文　代　振

驻 村 规 划 师：卢常遂（贵州省城乡规划设计研究院）

　　　　　　　　　代　振（普定县自然资源局）

村 　庄 　类 　型：集聚提升类